听心理咨询师给女孩讲心理智慧

"推开心理咨询室的门"编写组　编著

中国纺织出版社有限公司

内 容 提 要

青春期，既充满激情和动力，又充满神秘与诱惑。在这美好的年华里，女孩如同待绽放的花蕾，需要细心地呵护。

本书就青春期女孩的心理进行深入分析，从女孩青春期可能遇到的困惑和疑问、女孩自我保护措施、女孩与异性交往的小技巧、女孩如何让自己更具魅力等方面为女孩提供正确有效的指导，让女孩成长为聪明、成熟、有智慧、有魅力的女人。

图书在版编目（CIP）数据

听心理咨询师给女孩讲心理智慧／"推开心理咨询室的门"编写组编著. -- 北京：中国纺织出版社有限公司，2025.6

ISBN 978-7-5229-0541-9

Ⅰ.①听… Ⅱ.①推… Ⅲ.①女性—心理学—通俗读物 Ⅳ.①B844.5-49

中国国家版本馆CIP数据核字（2023）第073132号

责任编辑：邢雅鑫　　责任校对：高　涵　　责任印制：储志伟

中国纺织出版社有限公司出版发行
地址：北京市朝阳区百子湾东里A407号楼　邮政编码：100124
销售电话：010—67004422　传真：010—87155801
http://www.c-textilep.com
中国纺织出版社天猫旗舰店
官方微博 http://weibo.com/2119887771
天津千鹤文化传播有限公司印刷　各地新华书店经销
2025年6月第1版第1次印刷
开本：880×1230　1/16　印张：7
字数：114千字　定价：49.80元

前言

在心理咨询中，女性来访者并不少见，并且她们所遇到的困惑具有高度的趋同性，包括情绪控制、自我价值、身份认同、职业发展等问题。这些问题并不像表面上看起来那么容易概括，也并不是单维度的问题，而是复杂的综合性问题。这种复杂性是由女孩在这个社会中具有的独特性决定的，体现在多个层面，包括生物学、心理学、社会学以及文化等方面。生物学上，女孩从出生起就具有独属于自己的生理特征，这些特征在青春期会引发一系列的生理变化，如月经周期的出现等。在心理层面上，女孩可能会表现出与男孩不同的性格特质和行为模式，这些差异源于社会化过程和生物性别角色的影响。在社会学层面上，女孩所面临的社会期待和角色定位常常与男孩有所不同。例如，她们可能更被鼓励展现出亲和力、同情心和关怀他人的特质，同时也可能面临着性别歧视和不平等的挑战。在文化层面上，不同社会和文化对女孩的教育、职业和婚姻等方面有着不同的期待和规范，这些文化因素深刻影响着女孩的成长环境和发展机会。总之，女孩所面临问题的复杂性以及解决这些问题的重要性必须引起专业人士和社会各界的关注。

针对女孩面临的各种心理和社会挑战，心理咨询师团队编写了一整套不同主题的书籍，提供给女孩们全面、综合性的资源。希望通过阅读，女孩可以应对社会中显性或者隐性的性别刻板印象带来的压力，可以更好地了解自己，增强内在的力量，不断发展个人技能，提升应对生活挑战的能力。

优雅的内在是女孩最好的化妆品。你的不俗谈吐、素雅温和、善良单纯，成就了独一无二的你，让你在任何场合、任何时间，都能由内而外地散发出一种优雅的气息，在一个个细节之间，让人感到如沐春风。

在青春期阶段，女孩会在生理和心理上产生一系列明显的变化。随着第二性征的发育，女孩开始表现出对性知识的渴望与好奇、对异性莫名的好感等。面对来自生理与心理的种种困惑，女孩如果没有得到科学的指导，就可能会陷入迷惑与焦虑之中，严重的甚至可能出现道德偏差行为。调查显示，由于青春期女孩对性知识不了解，在一些不良信息的引导下，她们无法正确把握与异性交往的度，不知道友情和爱情的界限，容易做出越界的行为，对自己的身体和心理造成伤害。如何引导女孩健康、快乐地度过这一关键时期，已成为家长、学校，乃至社会关注的问题。

这本书是为女孩量身定制的百科全书，从生理、心理的变化到成长的苦恼，从心理卫生到异性交往、保护自己，几乎无所不包，面面俱到。全书共有10章，解答了女孩可能遇到的种种困惑。本书文字简单明了、灵秀隽永。故事虽短小，但意义深远，每个故事都会让你茅塞顿开、心智敞亮，让你在读故事的同时，能有所收获。在生活中做出一些小小的改变，女孩未来的日子就会更加美好！

谨以本书献给所有正值花季的女孩和她们的爸爸妈妈们！

编著者

2024年10月

目 录

CONTENTS

第 *03* 章　交往有分寸，不可偷尝"禁果"

第 *04* 章　保持性心理卫生，还内心一片纯净

第 *05* 章　提防"大灰狼"，保护好自身安全

第 *06* 章　有了"曲线美"，接纳和欣赏自己

第**07**章　做阳光女孩，保持健康心态

第**08**章　早熟的果子不香甜，请对早恋说"不"

第 *09* 章　长相身材不如意，其他方面来弥补

第 *10* 章　让勇敢成为动力，做梦想的坚持者

第 *01* 章

不做娇弱的花朵，不畏泥泞大胆前行

女孩有温柔的力量

一个女孩温柔又体贴，不仅是性格的体现，而且是美好心灵的反映。一个女孩只有心地宽广，才能有温度，才能不断取得成功，创造属于自己的精彩。

小荷有一个悲惨的童年，她刚出生的时候母亲就过世了，从小就只有父亲陪伴。她的父亲还总是出差，没有时间照顾她。因此，小荷就必须自己洗衣做饭，照顾自己。

然而，在她17岁那年，厄运再一次降临了，她的父亲不幸因车祸丧生。从此小荷也没有父亲的陪伴了。可是，噩梦还没有结束，在小荷好不容易走出悲伤、开始独立赚钱养活自己的时候，她却在一次工程事故中

永远失去了左腿。

一连串意外与不幸反而让小荷养成了坚强的性格。她独立面对失去左腿带来的不便，也学会了拐杖的使用，即使自己跌倒，她也不愿伸手请求人们帮忙，逐渐变得更加坚强。

后来她算了所有的积蓄，正好足够开一个养殖场。但上帝似乎存心与她过不去，一场突如其来的大水，将她的最后一丝希望都夺走了。

小荷终于忍无可忍，她气愤地来到神殿前，怒气冲冲地责问上帝："你为什么对我这么不公平？！"

上帝听到责骂，现身后满脸平静地反问："有什么不公平的呢？"

小荷将自己不幸的经历讲给上帝听。

上帝听完了她的遭遇后，又问："原来是这样啊！的确很凄惨，那么，支持你活下去的动力是什么呢？"

小荷听到上帝这么嘲讽她，气得颤抖地说："我不会死的！我经历了这么多不幸的事，已经没有什么事能让我感到害怕了。

总有一天我会靠着自己的力量，收获自己幸福的一生！"

上帝这时转身朝向另一个方向，"你看！"他对小荷说，"这个人生前比你幸运许多，可以说是一帆风顺地走到生命的终点。不过，他最后一次的遭遇却和你一样，在那场洪水中，失去了自己的全部财富。不同的是，他选择了自杀，而你还坚强地活着。"

很多女孩将自己的脆弱当作温柔。其实，脆弱和温柔是不同的。女孩之所以脆弱，主要是经历得太少，就像在温室里的花朵突然遇到狂风骤雨一样。当女孩的阅历越来越丰富，就能慢慢变得处变不惊，最快地找回自己的状态。那时无论命运给她多么沉重的打击，她都能妥善应对。

**智慧
锦囊**

人的一生总会经历各种磨难，面对磨难，我们应该不软弱，不逃避，坚强地面对困难。在困难面前，女孩们应该学会改变自己的态度，把这些当作提升自己的阶梯，当作生活给自己的考验，通过不断学习，不断成长，获得改变自己命运的力量。

无须怯懦，做有主见的女孩

现实生活中，有很多漂亮的女孩，但是有的女孩没有主见，就失了几分魅力。一个没有主见的女孩，就像受他人支配的"提线木偶"，别人说什么是什么，没有自己的想法。漂亮固然是女孩的资本，但是倘若一个女孩失去了最重要的思想，那么还有什么魅力可言，别人能欣赏她的什么呢？而有主见的女孩，即使没有漂亮的外表，但是有闪光的智慧和内涵、气质和修养，这样的女孩依然能获得别人的赞赏。

蜚声世界影坛的意大利著名电影明星索菲亚·罗兰能够成名，与她本人十分有主见是分不开的。

索菲亚·罗兰在她的自述中详细地记叙了一件事：

有一天，他（卡洛）叫我上他的办公室去。我们刚刚进行了第3次或第4次试镜，我记不清了，他以试探性的口吻对我说："我刚才同摄影师开了个会，他们说的结果全一样，噢，都是关于你的鼻子的。"

"我的鼻子怎么啦？"尽管我知道将发生什么事，但我还是问道。

"嗯……如果你要在电影界做一番事业，你也许该考虑做一些变动。"

"你的意思是要动动我的鼻子？"

"对，还有，也许你得把臀部削减一点。你看，我只是提出所有摄影师们的意见，只要缩短一点鼻子，摄影师就能够拍它了，你明白吗？"

"我当然懂得我的外形跟已经成名的那些女演员们颇有不同，她们都相貌出众、五官端正，而我却不是这样。我的脸毛病太多，但这些毛病加在一起反而会更有魅力啊！如果我的鼻子上有一个肿块，我会毫不犹豫地把它除掉。但是，说我的鼻子太长是毫无道理的，因为我知道，鼻子是脸的主要部分，它使脸具有特点。我喜欢我的鼻子和脸本来的样子。说实在的，"我对卡洛说，"我的脸确实与众不同，但是我为什么要变得跟别人一样呢？"

"我懂，"卡洛说，"我也希望保持你的本来面目，但是那些摄影师……"

"我要保持我的本色，我什么也不愿改变。"

"好吧，我们再看看。"卡洛说，他表示抱歉，不该提出这个问题。

"至于我的臀部。"我说，"不可否认，我的臀部确实有点过于丰腴，但那是我的一部分，是我之所以成为我的一部分，那是我的特色。我愿意保持我原本的一切。"

正是这次谈话，使导演卡洛·庞蒂开始了解索菲亚·罗兰，他看到了她身上的可贵之处，开始欣赏她。后来，卡洛·庞蒂成了罗兰的丈夫。由于罗兰没有被他人的意见所左右，没有失去自己的特点，她才在电影中展现出了独特的美。而且，她的独特外貌和热情、开朗、奔放的气质也开始被大众所认可，被人们称为"从贫民窟飞出来的天鹅"。

索菲亚·罗兰在面对自己热爱的电影事业时，并没有盲目地听从导演的意见，她坚持自己的特点，不愿改变自己的外貌，即使冒着被导演辞掉的风险，她依然坚持自我，没有盲从。最终她靠自己的个人魅力得到了导演的认可，也得到了观众的赞赏。她在电影方面的成就是最好的证明。

"横看成岭侧成峰，远近高低各不同。"凡事很难有绝对的定论，无论谁的"意见"都可以拿来作为参考，但永远不可以让别人主导自己，不要因为他人的观点阻碍自己前进的步伐。追随你的热情、你的心灵，它们将助你走向成功。

智慧
锦囊

有主见，不随波逐流，不固执己见，只有如此，才是有内涵、有魅力的女孩。试着做一个有主见的人吧！不被别人的思想所左右，不沉浸在纸醉金迷的生活里无法自拔，清楚自己未来的方向，规划好自己的人生，为生活中的空白填上美丽的色彩，向自己设定的目标勇敢进发。

今天无畏风雨，明天拥抱朝阳

在人生的道路上，每个人都渴望成功，然而，通往成功的道路却充满坎坷。正如这个世界上没有绝对的完美一样，这个世界上也同样没有绝对一帆风顺的人生。人生，就像一张曲线图，有波峰有波谷。当在波峰的时候，我们居高临下，欣赏着人生的无限美景；当在波谷的时候，我们面对着人生的困境，思考着是沉沦还是抗争。其实，人生的魅力也正在于此。假如人生时时刻刻都是坦途，那么就无所谓坦途；假如人生每分每秒都是幸福，那么就无所谓幸福。苦和甜、哭和笑总是相对的，只有苦难，才能衬托出平淡生活的幸福与甜蜜。那么，面对苦难，我们就只能选择迎难而上。

诗人歌德在他的诗中说："长久地迟疑不决的人，常常找不到最好的答案。"因此，面对困难，我们不能让犹豫不定束缚住手脚，要鼓足勇气迎难而上，让人生的航船冲破暴风雨，拥抱天边的彩虹。

丽丽现在是一名成功人士，她也曾有过坎坷，也曾经历过失败的磨难。她曾经是一名下岗工人，为了维持生计，她摆过地摊。经过多年的不懈努力，如今她经营的商贸有限公司已有9家连锁店，资产上千万元，年纳税近百万元。

十年前，丽丽下岗了，下岗意味着失业，可她当时还年轻，家里还有老人和孩子，没有了工作，连基本的温饱都无法维持。她在家里反复思考，是一蹶不振，还是从头再来？一蹶不振就只能等死，做一些新的尝试也许还会有新希望。于是，她批发了一些日用品，在市中心摆起了地摊。尽管很辛苦，两个月下来，她还是赚了一笔钱。于是，她有了开店的想法，但是资金明显不足。为了筹集足够的资金，她和丈夫向多方寻求帮助，说了许多好话，甚至还通过利息借款。功夫不负有心人，他们终于筹集够了7万元资金。她激励自己说：只许成功不许失败。就这样，这家贸易公司诞生了。

丽丽的创业之路也并不是一帆风顺的。从进货到销货，从收钱到清收，上上下下，里里外外，都由她全权负责。由于没有专业的知识和经验，刚开始店还亏损了。但她并没

有就此放弃，而是一次又一次勇敢地迎接着命运的考验。正
所谓一分辛劳一分收获。通过几年的摸爬滚打，她终于把债
务还清了，并且小有积蓄。与此同时，她也下决心要把企业
做大做强，让那些当初和她一样下岗的姐妹重新走上工作岗
位。开连锁是贸易公司发展中的第一个转折。后来，丽丽的
第一家连锁店开业。为了将来连锁店能顺利发展，她建立了
自己的货物配送中心。然而，正当她的事业红火时，一场官
司不期降临。虽然在官司中她损失惨重，甚至萌生退意，可是
不服输的个性最终让她没有放弃，而是总结经验，告诉自己办
事情千万不可麻痹大意。其后，她不断反思，终于带领企业持
续发展，迎来了美好的今天。

多年来，丽丽从摆地摊开始，没有因为艰辛劳累而退

缩，也没有因现实的胁迫而让路，更没有因为困难而中途倒下。尽管她饱尝失败的滋味，但她用自身经历让我们学会了何谓勇往直前。女人不是弱者，只要我们挺起胸膛，不畏艰险，就一定能够掌握自己的命运，成为生活的强者！

成功与失败之间的距离，并没有想象中那么远，它们之间的差别只在于是否学会了坚持。在未来社会，无论你遇到什么，你都要克服重重困难，坚持到最后。

智慧锦囊

不论任何时候，当我们遇到困难，都不要后退，应该迎难而上，不要因为一次的失败而让自己陷入黑暗的深渊。人生路并不是一帆风顺的，它充满坎坷，所以我们不要将过多的关注点放在那些困难上，因为它是曲折的，常令我们深受其害。若想走好这条路，就要拥有迎难而上、不畏艰险的信念，克服重重困难，创造属于自己的精彩。

女孩有勇气相伴，才能收获更加精彩的人生

人们常说：机遇是给有准备的人的，但任何准备都是有前提的。抱怨没有机会的人，多半是没有勇气的人。如果一个人在遇到困难的时候连奋起直上的勇气都没有，那么成功的机遇也就不会到来。勇气是一种信念、一种执着。尤其是在竞争激烈的社会中，只有那些充满勇气的参与者，才有可能获得通往成功的机遇。

美国心理学家斯科特·派克说：不恐惧不等于有勇气。勇气就是尽管害怕，尽管痛苦，但你还是继续向前走。在这个世界上，只要你坚持不懈地努力，就会发现许多门都是虚掩的，微小的勇气，也能打开成功的大门。

有时候，成功只需要一只手的勇气。

有一个叫玲珑的小女孩，她的梦想是做一个演说家，可是当别人将机会放在她面前时，她却胆怯了，她开始怀疑自己的能力，没有信心和勇气，每次都是还没开始就结束了。

一次，老师又让她上台演讲，由于害怕，她在台下磨磨蹭蹭。可是就在这时，他们班上一名说话结巴的男同学却坚定地走向了演讲台，声情并茂地开始了他的演讲。当时同学们都带着怀疑的眼神看着这名男同学，不知道这次的演讲将会是何种模样。但是，演讲台上的这名男同学，自信地站在那里，虽然他的演讲中有不流畅的地方，但他铿锵有力的话语，加上他丰富的感情，赢得了大家热烈的掌声。

他演讲完后，老师说："他非常有勇气地战胜了自己，我们大家都应该向他学习，从他的演讲中，我们感受到了他的真情实感，我打算培养他，参加这次全省的演讲比赛。大家应该觉得没问题吧？"

这时候，玲珑在台下不服气了，她站起来说："我的演讲能力比他好，只不过你没同我们说这次有全省演讲比赛……老师，这个比赛我可以参加吗？"

老师看着她认真的样子说："机会从不会提前给你打招呼的，只要你真的比他好，我就给你机会和他竞争。"一听到竞争，玲珑不自觉又开始害怕了，她心里想：还要竞争？虽然我读得比他流利，但如果我没有感情色彩，或者……那岂不是更丢脸……于是，她找了个借口："我还是把机会让给他，下次再参加比赛吧……"

就在这时，班上一个调皮的男生看出了她的心思，于是就说了句："没有开刀的危险和打算开刀的勇气，哪来康复的希望和喜悦呢？"同学们都笑了，而只有玲珑的脸红了。

玲珑想要参加演讲比赛，绝对不能没有勇气。在人生路上追求成功，也绝不能缺少勇气。只有你勇敢地迈出第一步，坚定地向前，才有可能成功。如果连想和做的勇气都没有，成功是无论如何也不会光顾的。

勇气是一种敢于面对现实，不畏艰险，勇争上游，积极争取胜利的优秀品质。勇气是战胜恐惧的有力武器，是克服害怕失败、害怕丢脸等心理最有效的手段。

勇气教会人在遇到挫折的时候，不畏艰险，不临阵脱逃，勇敢直面困难，接受一切挑战，战胜困难，赢得成功。只要勇敢地去行动、去尝试，总会有一些收获，要么收获成功，要么收获经验。

勇气也不是与生俱来的，勇气也是可以培养出来的。可以肯定的是，勇气是无法购买的，培养出真正的勇气就像你锻炼出强壮有力的手臂一样，需要你不断学习，不断成长。你只要多多运用勇气的力量，就可以在未来的日子里一直有勇气相伴。

智慧
锦囊

　　不论你是何种身份，有何种成就，只要你面对自己，面对生活，能够拿出勇气，不惧未来，你就是一个有勇气的人。不论是谁，在工作和生活中，有了"应知天地宽，何处无风云？应知山水远，到处有不平"的平和心态，你就有了战胜一切困难险阻的勇气。

第 *02* 章

成长是一种探寻，面对未知你准备好了吗

拥有自我管理能力，让女孩更加优秀

自我管理能力是高情商的一个重要体现。它渗透到我们生活的方方面面，如做事有自制力，能不为外界的因素所干扰；抗挫折能力强；有良好的自我管理能力；做事有计划、有条理；能做自己情绪的主人，能了解并体谅他人的情绪波动；等等。

学会自我管理，就是自己独立的开端。自我管理对每个人都有重要作用，它是我们人生中不可或缺的重要课题，对女孩来说更是一门素质必修课。学会自我管理的女孩，能够在社会中立足，能更好地融入社会，更好地学习和生活。

但是，很多女孩还没有意识到自我管理能力的重要性。她们事事依赖别人，总是以自己还小为借口，躲在老师和家长的臂弯之下，如此下去何时自己才能把握自己的生活，学会自我管理呢？

婉婷初中毕业，马上就要上高中了，这也就意味着她要开始住宿生活了。但是她的妈妈对此担心不已，因为无论在生活中，还是在学习上，她都是一团乱。记得婉婷刚上一年级的时候，每个上学日都像一场"乱战"——不是课本找不到了，就是作业不知放在何处，好不容易全部收拾妥当准备坐校车去学校的时候，她又发现自己忘记戴红领巾了。

婉婷缺乏自我管理能力，这让她的妈妈非常头疼。妈妈逐渐意识到培养女儿自我管理能力的重要性。婉婷的妈妈开

始逐渐锻炼女儿的自我管理能力，她告诉女儿自己的事情自己做，自己的东西自己管，自己的生活自己安排。

刚开始，婉婷很难适应，每次都是可怜地看着妈妈，但妈妈总是"视而不见"。长此以往，婉婷只好自己动手。渐渐地，婉婷学着安排自己的生活。

在这个基础上，妈妈开始引导女儿自己制订学习计划，自己洗衣服、叠衣服，还让她自己管理自己的零花钱。在学习上，妈妈也不再像之前那样总是监督她，而是给了婉婷更多的自由空间。这样做的目的就是培养婉婷学习方面的自我管理能力。

一段时间的锻炼以后，婉婷渐渐体会到了自我管理的重要性。在妈妈的帮助下，婉婷慢慢学会了自我管理。高中生活开始了，妈妈再也不用担心婉婷的生活了，因为她已经有了自我管理的能力了。

随着女孩们年龄的不断增长，自我管理能力对她们的生活影响也越来越大，它的作用是不容忽视的。对于每个人而言，从出生到长大这个漫长的过程中，如果缺乏了自我管理能力、明辨是非的能力，放任自己的言行，不加约束，我们就会产生人格的偏离，影响身心健康，严重者还可能引发违法犯罪行为，危害社会和谐稳定，这是十分不可取的。

那么，该如何培养自我管理的能力呢？

1. 自我管理最重要的一条就是自我反省

要让女孩们学会自我分析，学会正确地认识自己，客观地分清自己的优势和劣势，从而不断地完善和提高自己。

2. 学会管理自己的情绪

学会情绪表达的多面性，因为情绪表达的各种面貌都蕴藏着情绪转化的可能，消极情绪可以转化为积极情绪，比如，哭完之后女孩们通常会感觉心里很痛快，不再陷于烦恼之中。不要一味压抑自己的负面情绪，应该认识到情绪表达的所有面貌，只有消极的情绪得到释放，健康的情绪才得以产生。

3. 做好自我管理，注意三个关键问题

首先就是做计划，从小目标开始，到阶段性目标，最后到大目标，当然有了这些计划之后，还应该制订达到这些目标的计划。

其次是写日记，通过写日记，记录自己的进度。日记可以检验女孩自我管理的情况，自己每天有哪些进步，还有哪些需要改进的地方，日记见证女孩的点滴进步，记录女孩的成长。日记中还记录着女孩的欢喜和悲伤，幸福和惆怅，成功和失败。

最后要学会自我控制，控制自己的情绪，做自己情绪的主人。

智慧
锦囊

一个人能否获得成功，主要靠自己，也就是靠自我管理。在黄金岁月，你们有健全的身体，有无

限的潜能，拥有迈向成功的力量，学会自我管理，
你们的理想之舟一定能达到彼岸，美好目标也终将
实现。

充实的生活，精彩的人生

为什么有人充实无比，每天都十分快乐，而有人却觉得自己浑浑噩噩、虚度时光呢？其实，这就是充实的人生与空虚的人生的区别。内心充实的人，生活才是精彩的。而那些没有梦想、没有目标、没有前进动力、不努力生活的人，他们的人生又有什么意义呢？

充实的人生是快乐的，充实并不仅限于物质的满足，它是内心富足的状态。假若你有很多金钱，但是人生失去了理想，整天过得浑浑噩噩，那么你的内心依旧是空虚的，优渥的物质条件也无法填补你内心的空缺，你依然无法体会到生活的快乐。假如你虽然物质上贫乏，但是你每天都在不断追逐自己的梦想，不断接近自己的目标，那么你每天就是快乐的，在忙碌中获得内心的满足。有计划、有收获的人生才能让你充实，而漫无目的地忙碌只会让你不堪重负，一次心灵的洗礼让生活充实，长时间的心灵饥渴只会让你的生活失去往日的精彩。

一位男子死后进入天堂，这正是他的愿望。到了那里，他发现一切都是那么美好，房子比他之前见过的所有房子都要美丽，是那么的富丽堂皇。不仅如此，在这里，他的所有愿望都有侍者来帮他实现。当他饿了的时候，侍者就会带着香喷喷的食物及时出现，当他渴了的时候，侍者就会立刻带着饮料出现在他面前。他觉得一切都如梦境般美好。

起初几天，男子感到十分快乐，但是几天过后，他就开始觉得不自在了。因为他没有事情可做，他的要求总有别人替他实现。他想到了自己生前的工作、事业，越想越觉得不舒适，他开始变得十分焦躁，再也体会不到幸福的感觉。

这时，侍者又出现了："请问您需要什么？"男子说："我不能一直坐在这里，我想有点事情可做。"侍者说："在这里，您的所有愿望，我们都会帮您实现，您还有什么活动的需要呢？"男子变得心神不宁，说道："这哪里是天堂？为什么我会觉得不舒服呢？"侍者回答道："谁告诉你这是天堂？这是地狱！"

　　"这真的是地狱。"现在男子明白了，"没有活动，没有交流或交谈，没有喜欢的事情可做，没有人需要我的帮助，那么生活还有什么意义呢？在这里，我迟早会发疯的。"

　　确实，从做事情中获得幸福感，才能感到真正的快乐。面对艰难困苦，竭尽所能地去奋斗，打造一条属于自己的成功之路，实现自己心中的目标，才能让自己的内心充实起来，收获精彩的人生。

人的内心一旦充实起来，那么那些孤独、寂寞、难过的情绪也就会逐渐被满满的激情所取代，就算是遭遇巨大的不幸或者悲痛，那些负面情绪也将在忙碌和充实的工作和生活中消失无踪，更不要说孤单、寂寞的情绪了。

在人生的道路上，女孩们要学会充实自己，完善自我，让自己在人生的舞台上，不至于失去属于自己的光芒。从现在开始，从点滴开始，把握每一次机会，不断充实自己，丰富自己的生活。

1. 培养自己的学习能力，充实自己的生活

知识丰富是成功的重要因素。不要因为学习的无聊和单调就轻视知识的重要性，每个人都应该掌握几种真正的技能来充实自己。

2. 拥有梦想

拥有梦想的人生，才是充实的。拥有目标是成功的关键，也是成功必不可少的因素。失去了目标的人，就没有前进的动力，安于现状，日子就会平淡如水。

3. 自发自动

成功总要自己伸出手，行动起来，才有机会。因此，只有自己奋发向上、自发自强、笃行务实，才能成就精彩人生。

智慧锦囊

时间是最不偏心的，每个人每天都是同样多的时间，但是每个人都活出了不同的姿态。有的人过得充实，有的人过得空虚，这就是不同人生选择的结果。想要收获充实的人生，就要紧抓今天，把握时间，不虚度时光。在人生的旅途中，勇敢前行，不断成长，享受每个快乐的瞬间。充实是一种快乐，充实才能获得精彩人生。

每个女孩都是独一无二的天使

每个女孩都是一个天使，是独一无二的存在。每个女孩都有自己的优点，心地善良、热情大方、待人真诚……这些美好的品质都能让女孩获得别人的喜爱。有的女孩对自己不满意，可能只是缺乏了一点点自信，活在别人的看法或者评论中，也就失去了自我。在与人相处的过程中，大家都会忽略这类人的存在。试想一下，若一个人总是在附和别人，没有自己的特点和想法，谁又愿意和这种提线木偶做朋友呢?

萌萌从小就特别敏感、腼腆，她一直觉得自己的身材不够好，长得不够高，还觉得自己很胖，总觉得自己不如别人。她从来不和其他同学一起做室外活动，甚至不上体育课。她变得愈加害羞，觉得自己和其他人不一样，总是形单影只。

大学毕业后，萌萌嫁给一个比她大几岁的男人，可是她的情况并没有任何改变。萌萌觉得自己成了一个彻头彻尾的失败者，她怕她的丈夫嫌恶她，所以每次出现在公共场合的时候，她都会刻意去模仿某个看似优雅的人的动作或表情，她总是假装自己很开心，结果别人都说她很做作。事后，萌萌会为此难过好几天，她感觉自己的生活十分压抑。

一天，萌萌的婆婆正在谈她怎么教育她的几个孩子，她说："不管发生什么，每个人都应该学会保持本色，不要迷失自我。"

每个人都要保持本色。

"保持本色！"就是这句话！在那一刹那，萌萌才发现自己的问题，她一直在试着让自己适应一个并不适合自己的模式。

萌萌后来回忆道：在一夜之间我的状态就改变了，我开始学着保持本色，不再刻意模仿任何人。我开始试着研究我自己的个性、优点，拿起了我曾经喜欢的色彩和服饰，不再总是沉浸在模仿别人的世界里，而是根据自己的特点，选择适合自己的服饰，不再蜷缩在自己的世界，而是主动走向人群，开始结交新的朋友。新世界的大门向我打开了！

每个女孩都是独特的存在，都有自己的优点，也许你没有优异的成绩，但是你运动细胞发达；也许你没有漂亮的容貌，但是你善良、真诚、待人热情，也能在自己人生的舞台上绽放独特的光芒，演绎自己独一无二的人生。就像世界上没有两片一模一样的树叶，你也正是这个世界上独一无二的存在，谁也无法取代。所以，你没必要总是羡慕别人所拥有的，也没必要活在别人的光环之下，你应该找到属于自己的路，活出自己的精彩。

智慧
锦囊

　　每个女孩都是独一无二的天使，不仅拥有充足的时光去实现自己的梦想，还有卓尔不群的自我意识。人生不是一场没有终点的追逐竞赛，无须不断与别人横向比较，也不需要抛弃自我、模仿他人，每个人都是了不起的，都可以选择自己的人生方向，然后通过自己的努力收获一份属于自己的壮丽。

成长的挫折，学会独自面对

俗话说："没有不下雨的天，也没有不起浪的河，更没有不摔跤的人。"成长的路上，挫折就如阻碍我们前行的顽石。我们每一个人都要面对各种各样的挫折。然而在漫长的人生之路上，挫折本身并不是最可怕的，可怕的是你向挫折屈服，失去了和它博弈的勇气，就此走向失败。与其在挫折的困苦中苦苦挣扎，生活在一片灰暗之中，不如选择奋起反抗，勇敢迎接挫折。女孩只有学会独立面对一切挫折，在失败时才能看到希望的曙光，才能不断成长，成为理想中的自己。

小希在14岁的时候，随父母举家从外地迁往芝加哥郊区。面对着陌生的环境和人群，这个天性好动、乐观勇敢的小女孩并没有太过于烦闷，她依旧像过去那样，每天开开心心，想要在这新的地方交一些新朋友。可让这个14岁女孩意想不到的是，这个地方的小孩子都很欺生，每当小希想要加入他们的时候，总是遭到他人的嘲笑。

一次，当小希拿着自己心爱的玩具试图跟陌生的小孩套近乎时，那些孩子却说出了这样的话："嗨，你们看那个傻妞手里的是什么？那不是一个比她还要蠢的玩具吗！"然后，她手里的玩具被他们抢走，并狠狠地扔到地上，做了这些还不够，他们还上前狠狠踩了起来，小希想上前阻止他们的行为，却被那群孩子推倒在地。小希选择了逃离，向她觉得安全的家里跑去。外出归来的妈妈在大门口遇到了满身泥渍的女儿："你应该学会自己面对困难了，你要靠自己的能力拿回属于你的玩具！"小希只好硬着头皮又回到了让她伤心的地方。

小希的再次出现让那些孩子惊叹不已。"把我的玩具还给我！"小希大声地说道，她眼里所闪现的坚决让这些小孩子颇为胆怯。他们没想到小希会回来，更没料到这个看似弱不禁风的小女孩居然有和他们抗争的勇气，这样的女孩让他们敬畏。于是，那个被他们扔到地上的玩具被领头的孩子捡起来，笑着递给了小希，他还邀请她加入他们的团队。14岁的小希便以非凡的勇气和独立战胜了困难，赢得了新朋友。

成长是一场不见硝烟的战争，挫折可能随时出现，女孩应该学会勇敢面对，才能实现自己的梦想。

1. 面对挫折，沉着冷静

一个人遇到挫折时，首先应该保持沉着冷静，不慌不怒，冷静分析所遇到的问题，再寻求有效的解决方法。

2. 培养女孩对待挫折的正确态度

而在面对困难的时候，女孩往往会受到消极情绪的影响，不再冷静，不能以正确的态度面对失败和挫折，这就要求女孩们学会做自己情绪的主人，培养积极乐观的生活态度。

3. 从挫折中看到成功的希望

女孩在遇到挫折的时候，应该意识到，挫折并不是不能克服的，只要你有足够的信心，有不放弃的信念，从失败中总结经验教训，就能取得成功。

智慧锦囊

挫折是我们人生中的一笔宝贵财富，没有经历过挫折的人生是不完整的。挫折能够磨砺女孩的意志，升华我们的人生追求，使我们不断成长，越加成熟。一个成功的女孩，能在挫折中不断进步，发现自己的不足，学会勇敢面对挫折，将挫折当作成功的必经之路，在人生的舞台上绽放属于自己的光芒。

第 *03* 章

交往有分寸，不可偷尝"禁果"

如何看待结交异性

　　喜欢和异性交往，是女孩成长发展的正常表现。特别是对青春期的女孩来说，她们大都乐意和异性交往。在西方人看来，女孩与异性交往是一件值得开心且十分有意义的事情。在与异性交往的过程中，女孩要学会如何与异性相处，揭开异性的神秘面纱，明白渴望结交异性是心理需求。但是，在这个敏感时期，男孩与女孩之间走得过近就有早恋的嫌疑。那么，男孩和女孩之间是否可以成为知己呢？

　　一所学校的高二（1）班就这一问题展开了激烈的辩论会。

　　主席：各位同学，各位老师。纯真的友谊，在我们的青春岁月里十分珍贵。那么，异性之间能否成为知己呢？现在，我宣布本次辩论赛正式开始。首先请正反方各自陈述观点。

正方：大家好！我方的观点是男女生不能成为知己，双方交往有很多不好的影响。尤其是在这个重要的学习阶段，男女交往势必会影响学习成绩，这就十分不可取了。

反方：异性可以成为知己，这对双方都有很多益处。例如，在学习上可以相互交流，共同进步。在生活上，又可以彼此照应，解决难题，何乐而不为呢？

主席：下面进入自由辩论环节。

正方：我们中学生正处于青春期，各方面的思想都不够成熟，如果男女生交往过密而产生情愫，后果不堪设想。

反方：我方认为男女生在互补长短的情况下，和谐交往，会产生意想不到的良好效果。

正方：但现在在中学校园里，能够只把对方当作异性知己，真正把握好度，起到帮助对方的作用的例子好像并不多啊。

反方：对方辩手难道不愿意结交异性知己吗？我个人认为只要男女生之间有分寸地交往，这个问题是完全可以避免的。

正方：你能完全保证每个男生女生都会那么理智吗？男女生因交往过密演变成早恋，因而受到伤害的事例，可是数不胜数啊！

反方：男女生之所以会因交往过密而受到伤害，完全是因为自身的原因，我们总不能因为曾有这样的事情发生，而否认男女生之间存在友谊吧？男女生过密交往，这是他们被青春期异性交往时所产生的朦胧的感情所误导，才发生了一些不该发生的事。

主席：最后，我们请正反方代表总结陈词。

正方：我方观点认为男女生不能成为知己。我们也期待异性之间那种美好、纯真的感情！我们在与异性交往的过程中，必须时刻牢记男女生之间交往的法则，绝不能越过它。

反方：我方的观点认为男女生可以成为知己，他们正常交往的好处有很多，如果能够结成知己，在学习方面，男女生存在差异，大家可以共同探讨学习经验，分享不同的解题方法，开拓自己的思路，双方必定都能有所进步。

主席：辩论结束。有请本次评委老师点评……

其实，异性友情是两性的心理需要，在性格形成方面具有互补作用，异性之间的交往，只要双方把握好分寸，不违反社会道德，那么就没什么问题。交往对象可以是你的同学、网友，只要你真心、坦诚地对待朋友，用心维护、珍惜这份纯洁的友谊，学会把握分寸，这份异性间的情谊就能够健康发展。

智慧
锦囊

　　青春期的少女正处于生长发育的重要阶段，女孩也是需要和异性正常交往的，让内心不再孤独，学习中也有了可以相互交流的伙伴，更好地学习文化知识，为美好的将来打下坚实的基础。

不要沉溺于网络交友

在这个经济高速发展的时代，互联网已经融进了人们的生活，也走进了女孩们的世界。许多青春期的女孩喜欢在网络上聊天、打游戏、购物、交朋友，这个虚拟的世界正在逐渐融入现实世界。却不知道，这个充满诱惑的世界也会给自己带来伤害。

梦梦是从一年前开始玩网络游戏的，那时她刚刚中考结束，又没有暑假作业的烦恼，自然是尽情放纵。暑假里，没什么压力，她开始试着上网玩游戏。几乎是在接触的瞬间，她就迷上了。用她自己的话说就是："没想到网络游戏这么好玩！""我简直不能想象不能玩游戏的日子会是什么样的。"

梦梦在现实生活中是一个比较腼腆的女孩，虽然学习成绩还好，但在学校里是那种不引人注目的学生。但是，在虚拟的网络游戏世界里，她的表现完全不一样了。她可以成为众人仰慕的大侠，有机会赚到大笔的钞票，成为大富翁。在现实中没能力实现的想法、地位、金钱、爱情等，都可以在网络游戏中得以实现。

为此，她也付出了相当大的代价。上高中后，她本来不错的成绩居然一落千丈，几乎每次考试她都排在倒数的位置。家里人一直觉得她还没有适应高中的学习环境，还试图给她找辅导老师，却不知道这都是她把大量的时间用在了网络上的缘故。

有一天，梦梦忽然醒悟了，她不能这样下去了，她还有学业要完成。

她开始尝试自我控制，远离网络游戏，但是游戏的诱惑实在是太大了，只是一天没玩儿，她就受不了了，她知道只凭着自己的力量，是无法彻底与网络游戏说再见的，于是，她来到了心理咨询中心寻求帮助，她深知网络生活已经严重地影响了她的学习和生活。

在网络的世界里，也许会更加自由，少了许多的限制。但是女孩们将时间浪费在虚拟的网络世界，就会失去目标，也找不到学习的动力，长此以往，势必会对女孩们的身心健康产生严重危害。身体上会出现一些不适的症状，如眼睛疲劳、腰酸背痛等；甚至还能引发某些疾病，如视网膜脱落、肩周炎、神经紊乱等；同时，还可能诱发某些心理疾病，如抑郁症、精神分裂症、社交恐惧症等，严重的还会危及到他人健康。

面对沉溺网络的危害，我们不妨学着：

1. 发现网络的积极作用

只要拓展网络的积极作用，并利用得当，网络不仅可以帮助女孩开阔眼界，了解到书本上没有的知识，还能构建起女孩和父母之间沟通的桥梁，那些现实生活中无法说出口的话语，可以借助网络传递给对方。

2. 多参加体育活动

经常参加体育运动，可以从时间、空间和生理三个方面来避免自己沉溺网络。第一，时间上，若将时间分配给了运动，那么上网的时间自然就少了，也就不会有很大的危害；第二，空间上，在运动场上挥洒汗水，释放激情，将那些不好的情绪都宣泄出去，心情自然好起来，这在无形中调节了自己的情绪；第三，运动作为一种应激刺激，促使人体释放具有免疫调节作用的内啡肽、脑啡肽和其他神经肽，进行适当科学的体育锻炼能有效地提高人的免疫力，预防一些生理疾病和心理疾病的发生。

3. 多参加课外活动，丰富生活

女孩们可以做一些有意义的事情来替代上网，可以做自己喜欢的事情，让自己高兴的事情，如参加一些课外兴趣小组、参加体育活动等。

4. 合理安排自己的活动

女孩可以给自己制订计划，每天上网的时间最好限制在两小时以内，上网的目的主要是为了增长自己的学识，要合理安排好自己每天的时间。

网络里既有丰富得如同海洋一般的知识，也存在着看不见的陷阱，稍有不慎，就会沉迷其中。不要等到网络侵蚀自己的心灵、危害自己的身心健康时，才开始重视沉溺网络的危害。

与男生交往把握好度

青春期是人一生中最重要的阶段。无论生理还是心理都有一定的变化，身体逐渐长大，第二性征发育，内脏器官也变得越加成熟。不仅如此，在这个时期，随着知识储备的不断增加，认识活动由具体思维向抽象思维过渡，开始对外部世界形成总体的认识。由于体内激素的分泌发生了变化，少男少女开始对异性有了好感，在与异性交往的过程中也出现了一些小问题。

尔容进入了青春期之后，可能是受到了电视剧的影响，和男孩的交往开始变得小心翼翼起来，一说话就脸红，而且语气也娇气了许多，连周围的同学都感觉有点发麻了。

"尔容，你的作业本呢？没有交？"课代表过来询问她。

尔容看了他一眼，温柔地笑了一下："不好意思啊……嗯……"

课代表大概是着急往老师那里送："你到底带没带啊？什么时候能给我。"

尔容轻轻地说着："嗯……你等等，让我找一下。"说着，脸居然红了。

"快点，快点，还有5分钟就要打铃了。"课代表实在是着急。

只见尔容慢吞吞地在书包里翻了半天，结果什么也没有找到："我好像没有带……"

"哎呀，明天带过来吧。"课代表说完之后，一溜烟地

直奔老师的办公室。

也许是因为尔容太敏感，以至于很多男孩都不愿意理她。相比之下，她的好朋友小俊却和男孩在一起玩得很好。因为小俊总是表现得很自然，不会像尔容那样让人感觉不自在，在男生那边的口碑也不错，所以他们有事情都爱找小俊帮忙，比如说篮球场上缺少一个替补队员的时候。

"嘿嘿，小俊，你比较合适，没有更合适的人选了，你上吧。"

"好啊，没问题。"小俊的大大咧咧，看上去很可爱。

其实，到了青春期，和尔容一样，人们的性意识都开始觉醒。青春期的性需求主要表现在与异性交往中满足自己对异性的好奇心以及释放性心理能量。但也大可不必像尔容一样，和男生交往过于小心翼翼。正常的男女间的交往有利于相互了解，消除男女之间的神秘感，还可以起到智力上互渗、情感上互慰、个性上互补和学习上互励的作用。善于与异性交往的青少年往往是开朗、活泼的，心理不受压抑。但女孩在与男孩交往的过程中要适度，注意分寸。

1. 没必要太拘谨

在和男生的交往中该说就说、该笑就笑，需要握手就握手，这都是很正常的，要是忸怩的话反而让别人心生厌恶。当然，要是过分随便的话，也会影响正常的异性交往。

2. 言行不能太随便

根据心理学家研究，女性容易被视为带有挑逗性的行为有很多，特别是在肢体语言方面，而很多人忽略了这个问题。比如，反复交叉和放开两条腿、在男性面前理头发、触摸男性的衣服、头发垂扫男性的面颊等，虽然可能是无意识的举动，但很容易造成误会。

智慧
锦囊

女孩只要把握与异性同学交往的尺度，自尊自重，热情大方，不扭扭捏捏，便能找到纯洁的

友谊。双方都应该有自己的原则，守好心里的防

线，不轻易跨越友谊和爱情的界限，让友谊健康

发展。

怎样与异性正确交往

异性间的交往不仅是正常的，也是必要的，异性交往有益于身心健康。研究表明，交友广泛，既有同性知己好友，又和异性相处和谐的人，与那些不善交际、没有什么异性朋友的人相比，个性发展更加完善，情绪更加稳定，感情丰富，自制力强，更加积极乐观，所以，与异性交往是十分有必要的。那么，该如何与异性相处呢？

娜娜是个开朗、活泼的女孩，她性格爽朗，喜欢和男孩交朋友。她时常和一个外班男孩搭着肩走，也没什么自己是女生的意识。

大家私下都在说，娜娜肯定在"早恋"，老师还专门找她谈话，要她专心学习。娜娜很委屈，她想：我和男生只是同学之间的正常交往啊，哪里有谈恋爱啊。

娜娜的身边也有很多早恋的诱惑，她经常会在课桌里看到别人写给自己的"情书"。但是，娜娜清楚地知道自己应该做什么。她知道现在不是谈恋爱的阶段。她和男生关系好，让她对异性的关怀也习以为常。

有一天，她又无心地把手搭在一个男生肩上，没想到对方脸红了。娜娜赶紧放手，这是她第一次觉得自己的行为太出格了。

后来，妈妈告诉她："现在你长大了，同学们也都长大了，男女有别，以后和男生相处，一定要注意分寸。"

从此，娜娜也开始约束自己的言行，原本大家都说她像个男孩，自从她注意自己的言行后，大家又发现，她就是个乖巧的女孩子啊，还很好相处，许多女孩也接纳了她，要和她做朋友。

青春期生理、心理发育会带来对异性交往的渴望，十几岁的女孩渴望认识异性朋友、与异性交往还源于对兄弟姐妹情感的向往。由于现在的孩子大多为独生子女，没有兄弟姐妹，身边缺少同龄人做伴，生活比较孤单。一旦心里有话需要倾诉的时候，就想找个说得来的同学或者朋友来替代自己的兄弟姐妹。但是，与异性交往的度很难把握，到底该如何与异性交往呢？

1. 端正态度，培养健康的交友观念

首先要端正交友态度，培养积极、健康的交往态度，淡化对对方性别的意识。交往时表现得落落大方，不让对方感觉不自在。其次要广泛交往，避免过多地和一个异性接触。广泛的交际面，更有利于女孩了解更多的异性，消除心中对异性的好奇心，并在交往中学会看透异性的好坏。不要被表象迷惑，了

解一个人要看透内在。如果只进行有限的小范围的个别交往，难免会"只见树木，不见森林"，对异性的了解不够完全。

2. 交往关系要记得保持疏而不远

异性交往，要把握好双方的心理距离，不要有过于亲密的接触，在有这种发展倾向的时候，就要及时调整自己的心态，把握好友谊和爱情的界限，避免造成误会，让异性交往健康发展，让青春有纯洁的友谊相伴。

智慧锦囊

处于青春期的女孩，未来的方向还未确定，与异性交往，要把握好度。因为心理和生理都还未成熟，最好不要过早地接触性，否则带给双方的只会是伤害。在这个时候，女孩要做的就是，正确地与异性交往，待自己成熟之后，再认真选择可以共度未来的伴侣。

善于交友，走出孤独

　　进入初中后，女孩们就开始有了自己的小烦恼，除了要担心学习成绩是否有所提升，还要注意与同学相处的远近亲疏，还可能和朋友、父母发生矛盾，致使女孩们在内心深处觉得十分孤单，又无人倾诉，想要走出孤单又无人相助。

　　一天，初三（2）班的小凌同学被班主任叫到了办公室，老师怒气冲冲地问道："值班老师发现你经常放学之后不回家，还和外班一个男孩交往过密，有这回事吗？另外，据咱们班同学反映，放学之后总是看到你和那个男同学一块走，还很是亲密。这些情况都属实吗？"

　　小凌对此"供认不讳"，但并没有向老师解释什么。所以，班主任就心急火燎地把小凌"早恋"的这些情况报告给了她的父母，告诉他们："最近一段时间，你家孩子经常与外班的一个男孩单独在一起，上课总是走神，学习成绩明显下降。你们是不是要多关注一下孩子？"小凌的父亲听到老师的反映后暴跳如雷，都没有问问小凌，就言辞激烈地辱骂了她。

从此小凌就变得沉默寡言了，整天都闷闷不乐，与同学交谈中不时流露出悲观厌世的情绪。班主任问不出什么结果，就向学校心理辅导室的文老师求助。文老师在和小凌进行了深入交流后，惊讶地发现，其实她并没有早恋。

那她为什么和那个男孩关系如此密切呢？文老师了解到，小凌的父母非常忙碌，很少有时间陪孩子，导致孩子的心里产生较深的孤独感。她好不容易在学校里结识了一个关系要好的同学，本以为自己不那么孤单了，也有了可以倾诉的对象。但因为一件小事，两个人产生了矛盾，原本亲密的同学由此变得疏远。家庭缺少温暖，和女同学的关系陷入了僵局，小凌只好向男同学寻求安慰。

很快，小凌在学校社团活动的时候认识了这个外班的男生，两个人慢慢熟悉了起来。男孩很关心她，小凌由于心里压抑得太难受了，就经常和那个男孩诉说自己的苦恼。聊着聊着发现，两人有很多共同话题。

原来，这个男孩是单亲家庭，两个人更产生了同病相怜的感觉。他们经常单独相处，其实都只是想找一个倾听者。实际上两个人只是正常的朋友间的交往，根本不是老师同学猜想的在谈"恋爱"。

青春期是从儿童成长为成年人的一个过渡阶段，随着身体的不断发育，内心世界也在悄悄地发生着变化。女孩的目光也从外部世界转向内心世界，内心世界开始彷徨。女孩开始渴望独立，渴望得到别人的认可，渴望获得大家的喜爱，渴望在老师和家长面前获得平等以及尊重，渴望有倾听自己内心想法的对象。随着年龄的增长，女孩开始渴望更加独立，但是面对复杂的社会环境，却仍无法独自面对，更由于她们倾向于闭锁心理，人们无法了解女孩内心的真实想法，从而无法提供帮助，这样就加重了女孩内心的孤单感。

那么，对于深受寂寞折磨的人来说，怎样才能走出围城呢？

1. 培养对生活的热情

生活是美好的，选择不同的态度去面对，将有完全不同的面貌。一样是青山绿水、蓝天白云，你可以选择积极地感受自然的美丽，也可以积极地看待生活的美好，生活的美好无处不在，不要被不好的情绪遮蔽了双眼。

2. 善于选择知心好友

女孩可以多交一些兴趣相同的朋友，兴趣是朋友间情谊的桥梁。每个人都有自己的爱好，假如你喜欢唱歌，你可以找一些有同样兴趣的同学，大家一起唱歌，欣赏不同风格的音乐作品，交流一下歌唱的经验，这样就有了有共同话题的朋友，自己的朋友圈也不知不觉间就扩大了。周末的时候，约上好友，放松放松心情，心中的孤单感自然就减少了。

3. 多读书

高尔基曾说："书是人类进步的阶梯，终生的伴侣，最诚挚的朋友。"书是人们的好朋友，在你孤单、寂寞之时，不要忘记，身边还有书籍相伴。书能给人的心灵以滋润，无论什么时候，只要有书相伴，女孩们就不会觉得无聊、寂寞，就能守得住心灵的宁静港湾，不会被寂寞吞噬。

智慧锦囊

每个人都有孤单的时候，都想要身边有一个人相伴，这就是所谓的孤单感。女孩们可以有知己好友相伴，可以有长辈相伴，可以有精神食粮书籍相伴，只要女孩们不将自己困在孤单中，就一定能走出寂寞的牢笼。

第 *04* 章

保持性心理卫生，还内心一片纯净

轻松面对女孩的自慰

进入青春期后，女孩的身体开始发育，开始对异性产生好奇心，且产生好感，开始有了性冲动。有的人还会发展成为自慰。所谓自慰，即女孩不与异性有接触和性行为，仅通过自己对性器官的触摸达到生理上愉悦甚至高潮的行为。

小琳是一名体校大二的女学生。

小琳从上中学开始就爱参加体育活动，由于不善交际，形成了独来独往的性格，有点儿孤僻。宁愿在花前树下独自欣赏大自然的美，也不愿与人闲侃。

小琳现在的问题出在锻炼，每当平躺抬高双腿，两腿尽力分开又交叉合拢时，阴部总有一种来电的感觉，出一身汗，虽气喘但又很满足。以前小琳尽量避免做这节操，但这两个月小琳有意识地去做，简直无法自控（隔一周就很想做一次）。小琳开始恨自己像野兽，瞧不起自己，觉得自己很坏、很下流。上周小琳将手指伸进阴道，她越发恨自己，从原来的不愿与人接触变得不敢正视别人的目光，不敢与他人接触，连门都不敢出，饿了就啃几块饼干。小琳感到实在无法自拔，害怕这件事影响自己的声誉、恋爱和婚姻，不知道如何是好。

其实，自慰的情况在男女各个年龄段都存在，自慰是从儿童时期就存在的行为，多是无意识活动时，因摩擦使生殖器受到刺激并引起快感，一般与性没有直接联系。青春期发育过程中，无论男孩、女孩，由于身体上的变化、激素的变化，多多少少都会产生对异性的好感，也可能有性冲动和性

欲的出现。

那么，女孩应该如何才能做到适度自慰，既能愉悦自身又不伤身呢？以下方法仅供女孩参考。

1. 正确面对自慰

一个处在青春期的女孩，首先应该对自慰有正确、全面的认识，自慰并不意味着自己变坏了。其实，适当的自慰对身心健康还是有益的。这是因为正常的性欲是人类繁衍后代最基本的要求，是很正常的生理现象。而自慰行为并不会涉及他人，不会对别人产生伤害，也不会卷入感情纠葛，更不会导致性攻击甚至性犯罪的发生，所以这也是一种合理的释放性欲的方式。但是，过度地自慰会影响青春期女孩的身心健康。过度手淫就属于一种心理障碍，会严重威胁身体健康，导致泌尿生殖系疾病、性神经衰弱等。

2. 积极参加文体活动

当青春期性冲动呼之欲出的时候，女孩的内心急切地想找一个突破口。最好的办法就是多参加文体活动，释放青春活力，减轻内心的压力。

3．合理安排自己的生活

注意生活规律与生活细节，避免穿太紧的衣裤，按时睡觉，晚餐不宜过饱，睡觉时被褥不要过暖、过重，不宜仰卧和俯卧，晚餐不宜食用刺激性食物，如烟、酒、咖啡、辛辣之品。养成良好的卫生习惯，注意保持外阴清洁，经常清洗，除去积垢等不良刺激物。

智慧锦囊

少女时期，是学习的关键时期，女孩们还是应该将注意力更多地放在学习、求知上去，千万不要长期、频繁地自慰，否则将影响自己的身心健康！

塑造健康而纯洁的性心理

性作为一种生理、心理和社会现象，深刻地影响着每一个人的健康、幸福和人格完善。在女孩们成长发育的关键时期，性心理也日渐成熟。在这一阶段，面对自身性生理反应的体验、情绪变化、情感体验，会产生许多心理困惑或心理障碍。了解和掌握科学的性心理知识，维护自己的性心理健康，是女孩们健康成长的重要课题。

小丹一直是一个听话的孩子，学习成绩优异，为人诚恳文静，穿戴朴素。在学校，她是同学们学习的榜样。

然而到了初中，小丹开始变了。她变得喜欢照镜子了，尤其是经常一个人欣赏镜子中的自己。她对言情小说产生了浓厚的兴趣，她还对男生越来越好奇，且渴望与男生交往。

不过这个念头只停留在想象阶段，因为妈妈常教育她，做一个"稳重"的女孩。她只能在与班上的男同学"名正言顺"的正常交往中，品尝到一点难以描绘的愉快和兴奋。

其实，这时小丹已经很难像之前那样努力学习了。她对同班的一名男同学有了好感，她渴望与他交往，但在老师的教育下又止步了，即使有了正当的理由和机会，她也故意躲得远远的，很怕自己禁受不住诱惑犯了错误。

新学期调整座位，那位男同学做了她的同桌。按理来说，她应该十分高兴，但她与他坐得很近，反而感到紧张和不自然。原因是害怕老师和同学看破她内心的秘密，怕遭到老师的批评和同学的讥笑。

因此，小丹上课总是无法集中精神，学习成绩自然不断下降。后来，她的情况越来越严重，以致不敢与老师和同学的目光直接接触。一个学期后，又重新调整座位。虽然她与那名男同学分开了，但她还是没有往好的方向发展，学习成绩持续下滑。

很多女孩与小丹这样品学兼优的女孩一样，随着年龄的增长，会萌生出对性的欲望和性的需求。女孩性心理的发展滞后于性生理的发展，又由于对性知识不甚了解，易引起生理的渴求和心理的压抑，产生心理困扰，而过度压抑的后果就是严重影响女孩的学习和生活，不仅导致成绩下降，还会诱发身心方面的多种疾病。所以，女孩要注重健康的性心理的培养。

1. 正确看待青春期性心理的变化

青春期女生因性器官的逐渐成熟和性心理的变化，既表现出对性知识的渴望，又表现出与异性相处的渴望，她们经常为此感到不安，甚至自责，怀疑自己是不是变成了坏孩子。其实，这都是正常的青春期现象，无须有心理负担，也完全没必要偷偷摸摸。

2. 合理的自我调节与宣泄

不妨换一种方式来释放自己的生理能量，转移自己的注意力，如加强运动、学习、工作等。与异性交往也没必要躲躲闪闪，只要大方得体就可以了。一旦发现自己存在性心理问题，应及时处理，如通过学习、修正错误认知、向好友寻求帮助等，如还无法解决，也可向心理专家咨询，消除心理困惑。

3. 学会性方面的自我保护

与异性相处时，要举止得体，不给对方造成误会，还要做到自尊自爱、举止优雅，衣着也不要过分暴露，要时刻有保护自己的意识，尽量不要在晚上独自外出，不要在男性住所逗留过长时间。若遭遇性骚扰，可向当地的公安部门寻求帮助，不要因为恐惧就隐藏事实真相。

智慧
锦囊

　　如果对性的要求只是轻率地满足一下短暂的快乐和乐趣，那么，它要面临巨大的危险，就像一朵鲜花，乍看上去非常美丽诱人，但它却暗含着毒素。

——苏霍姆林斯基

了解性知识也要讲究途径

一般来说，女孩在13岁以后，就开始进入青春期。在这个时期女孩无论在生理上还是心理上，都发生了急剧的变化，也都经受着考验。

在这个时期，女孩的心理上会产生性萌动，即从对性问题不理解、没兴趣，逐渐变为有兴趣。女孩开始私下了解性知识。

下课之后，萌萌急匆匆地冲向厕所，却看见班上几个男生正围在那里叽叽喳喳地议论着什么事情。萌萌见状，也好奇地围上去了，只见小胖在中间很懊恼地说："哎，真糟糕了，怎么办，这事情肯定会被班主任知道的，到时候我就惨了。"萌萌突然问了一句："出了什么事情？"罗小松和小胖不说话就走了，王翔说道："没有什么事情，本来我们几个之间在互发彩信玩儿，没有想到小胖居然把信息发到语文老师那里去了。"萌萌听了，还是感到不解："那有什么严重的，直接跟老师说发错了就得了呗。"王翔一脸怪笑："严重的是彩信的内容，是少儿不宜的。""啊？"萌萌想起来前两天在网上看到的那些图片，觉得心里一阵发毛。

下午班会课，几个男生坐立不安地等着班主任来。因为如果语文老师告诉了班主任，那么，这节课肯定是一堂"政治课"了。上课铃响了，却没有想到，出现在教室门口的居然是生物老师。全班学生睁大了眼睛，生物老师微笑着注视着大家，最后目光在小胖脸上停留了几秒钟，然后转身在黑板上写下了三个大字：性教育。生物老师看着大家惊讶的目光，微笑着说："这节班会课由我来上，主要是为了解决同学们内心的疑惑，也是为了纠正最近出现在你们身上的错误行为。我相信同学们自从学习了有关性的生理知识之后，就开始对性胡乱猜想了。有些人禁不住好奇，就自己偷偷地了解相关方面的知识。"其实，了解性知识对于女孩们是十分有意义的，当然要以从正当的渠道了解为前提。

其实，很多处在青春期的女孩们可能也有过这样的经历。在青春期，女孩们的生理上不断变化，对社会的适应能力差，性功能越加成熟，但心理上还未发育完全，缺乏自我调节能力。一些女孩把对异性有好感、产生性冲动、对性产生好奇等当作是一件可耻的事情，把本该学习的性知识当作是不好的事情，更不可能有学习性知识的热情。

其实，性并不是一个不可谈及的问题，不必遮遮掩掩，性本身就是一种正常的生理现象。对于那些青春期的少女来说，萌生出对性的好奇也是十分正常的。但是，这并不代表女孩可以通过一些不健康的书籍或者网站获取这方面的知识，这是十分不可取的。了解性知识也要讲究渠道。

智慧
锦囊

"知性"也不必偷偷摸摸。青春期就应该了解些性方面的知识，这是十分有必要的。但是，了解性知识的途径应是科学、正当的。当它不再是蒙着面纱的神秘存在时，女孩就能全面了解青春期性生理和性生理发展的规律，内心也不会感到烦恼、苦闷，也就不会压抑自己的内心，影响自己的生活和学习了。

坚定地拒绝他提出的性要求

当两人间的感情达到了相当的程度，进入了热恋期，男孩的亲密举动也就越来越多，他们甚至会大胆地提出性要求。从男人的生理、心理角度来看，这是其与异性交往的必然趋势，但就传统的社会观点和对爱情的责任感来说，女孩在婚前答应这种要求是很轻率的，谁也无法预知未来。因此，面对男友的性要求，很多女孩开始变得茫然、不知所措。

小珊是个大学生，去年她交了一个男朋友。从小严格的家教，让小珊在两性交往方面表现得比较传统，从来没有考虑过在结婚前与男友发生性关系。

小珊的男友齐卫东对她很好，可以说呵护备至。但随着两人关系的日益亲密，齐卫东有点把持不住自己，最近两个月来，几乎每次独处的时候，他都会向小珊提出性要求，这让本分的小珊有点不知所措。

起初齐卫东只是暗示小珊和自己亲密接触，小珊假装听不懂，把话岔开，后来齐卫东越来越"放肆"，经常用动作来赤裸裸地表达自己的欲望。

一天晚上，齐卫东约小珊到自己家玩，小珊欣然赴约，她打扮得很漂亮，穿了短裙配长靴。齐卫东一见，喜欢得不得了，对小珊拥抱、接吻、抚摸，这些小珊都接受了，也希望亲热到此为止。接下来，齐卫东和小珊一起看租来的影碟，当屏幕上出现性爱场面时，齐卫东突然把她扑倒，动手剥她的衣服，差点强暴了小珊。小珊大哭，齐卫东被吓住了，这才停了手。

齐卫东神色非常痛苦，反复对小珊说："我爱你，为什么你不信任我？"

回去后，小珊哭了一夜，她感到很迷茫，既不想跟男友分手，又不知道该怎么让他明白，自己现在真的不想有性行为。

很多女孩社会经验不丰富，涉世浅，又难以控制自己的感情，容易坠入"情网"而不能自拔，就会像小珊这样，不知该如何做。

如果你是一个极有原则的女孩，具有极强的自我约束力，那么无论在怎样的情况下你都要坚信自己能抵挡诱惑。学会拒绝发生性关系，会使你变成一个思想细腻、成熟稳健的人。

1. 在第一时间说"不"

首先要明白，女孩应该有自己的选择，学会在第一时间说不。这无关情爱，而在于掌握主动权。男性对性刺激的反应非常直接，也很难控制住自己对性的渴望。

如果无法接受男友提出的要求，就一定要第一时间说出自己的想法，而不要等对方有了一些亲密的举动后再有所行动。这个时机非常重要，因为那时，很容易被认为是"欲拒还迎""故意吊人胃口"，反而很难拒绝了。

2. 选择适合的婉拒方式

表达拒绝的方式很多，可以选择比较适合的说法。如婉言拒绝："我很爱你，希望婚后再与你体会初次的幸福"，也可以坚定地说，"我拒绝"，也可以耐心沟通，或者用自己的肢体语言表达自己的内心感受，不按照对方的要求去做。什么样的方式合适呢？这就要根据双方的性格特点，选择合适的方式来达到自己的目的。

智慧
锦囊

无论男女，只要有自己的责任，你就有权利拒绝对方提出的性要求，这是对自己负责，也是对自己的保护。到了恋爱结婚的年龄，你自然会体会到这样做的意义。

第 *05* 章

提防"大灰狼"，保护好自身安全

女孩多学点防身术

　　十几岁的女孩就如同含苞待放的花朵，色彩鲜艳，异常美丽，但是她们也容易成为不法分子侵犯的目标。他们正是看出了女孩们还小，不知如何处理这种状况，才觉得自己有可乘之机。在这种情况下，女孩们就应该增强自己的自我保护能力。只有懂得保护自己，在遇到特殊情况的时候，才能化险为夷。所以，在青春期学防身术，保护自己，免受伤害，就成了女孩们的必修课。

　　小倩今年15岁，是一个初中二年级的学生。一天下午放学后，当她骑车经过僻静的小路的时候，突然从边上冲出两个流里流气的小青年，挡住了小倩前进的路。这两个人都是20岁左右，一副社会不良青年的样子，一人嘴里叼着一支烟，另外一个留着偏分发型的青年一边玩着手里的一把弹簧刀，一边对小倩说："小妹妹，身上有没有零花钱啊？我们最近缺钱，快拿出来给我们吧。还有,把你这辆车借我们骑两天呗!"

小倩知道,这是遇到抢劫了。自己怎么才能逃脱呢?首先,应该保持镇定,不能慌张,小倩从容地从车子上下来,迎面走到两个青年面前,装作要掏钱的样子,实际上却趁那两个人不注意,向手里拿着刀的青年的眼睛上来了一拳,又一把将他的弹簧刀夺过来。之后又在另一个人没有反应过来的时候,攻击了他。没过两分钟,两个男青年就被小倩打得趴在了地上,连连求饶。小倩这才回到自己的自行车旁,继续骑车回家了。

小倩能够安全脱险,还要感谢当年学习的防身术。原来,小倩10岁那年,父母就给她报名参加了一个女子防身术兴趣

班，到现在已经学了五年了。平时在家时，她也经常和爸爸对练。所以，两个大她几岁的普通社会青年根本不是她的对手。

女孩们应该培养自我保护能力，学习一些防身技巧。根据女孩们的生理特点，女子自卫防身最有效和简捷的方式，是学习防身的技能技巧。

但女孩学习防身术时，也要注意：

1. 选择适合自己的防身术

并非每种防身术都适合每个女孩，比如，年龄太小的女孩是不宜学咏春拳的，因为咏春拳是身体和智慧的结合，不仅要身体灵活，学习过程中还会运用一些作用力和杠杆原理的知识，年龄太小的女孩们还无法理解这些知识，就无法活学活用。因此，咏春拳比较适合10岁以上的女孩们练习。

2. 不可贸然行动，要保证自己全身而退

需要注意的是，女孩们学了防身术之后也不可在遇到坏人的时候贸然硬碰硬，首先要保证的就是自己能够全身而退，安全才是第一位的，不要让自己陷入更加危险的境地。

3. 随机应变

方法并不是一成不变的,女孩们要学会以自己的能力为基础,根据时间、地点等客观因素的不同而选择合适的方案。现实生活中,我们面对的不法侵害的形式也是多种多样的,所以防身时也要随机应变,更好地保护自己。

智慧锦囊

与男孩相比,女孩更加娇弱,更需要被保护。为自己的安全着想,女孩应该学习一些自我防卫的手段,树立正确的自我保护意识,学简单、有效的防身术以备不时之需。

女孩要有自我保护意识

青春期的女孩是等待绽放的花蕾，面对这个复杂的社会，要学会有效地保护自己，不要让不法分子有可乘之机。这就要求女孩们保持头脑清醒，了解自身的特点和弱点，培养自我保护意识，学习一些防侵犯的常识和技巧，让自己的青春远离伤害。

"妈妈，我回来了。"思思一进家门就喊妈妈。

"今天回来怎么这么早啊？"妈妈有些奇怪，和平时相比，思思今天可是提前了半小时呢。

"是一个开私家车的叔叔带我回来的。"思思高兴地说。

"私家车？你认识吗？哪里来的叔叔啊？"妈妈一头雾水，紧张地看着思思。

"嘿嘿，其实我也不认识，他经常来我们学校修理东西。后来有一次我跟他聊天就熟了，今天放学后叔叔也恰好回家，因为顺路就把我捎回来了。"思思向妈妈解释。

"什么？你连人家是谁都不知道就敢坐人家的车啊？"妈妈一脸惊讶，心想这孩子怎么没有一点自我保护意识呢？

"那怎么了？叔叔肯定不是坏人，我们学校的老师应该认识他的。"思思满不在乎地说。

"思思，你今天的行为很让妈妈担心，虽然你今天很幸运，但也是很危险的，知道吗？"妈妈严肃地对思思说。

"妈妈，是您太多心了吧！你看我今天不是没什么事情吗，哪里有那么多的坏人啊？"思思还是不着急。

"不是妈妈多心，是妈妈怕你万一出了什么事怎么办？

我不可能时时刻刻都陪在你身边，你自己应该学会保护自己。"妈妈说。

思思想了想说："可是，我长到现在也没遇到过什么事啊！""没遇到更好，妈妈只是提醒你对陌生人要有防范意识。毕竟你连人家是谁都不知道，万一人家把你骗了呢？更不要随便告诉陌生人你的住址、电话什么的。"妈妈一本正经地教育思思。

经妈妈这么一说，思思细细思索了一下自己平日里的一些做法，又想到报纸上、电视上经常报道的孩子被骗事件，忽然觉得自己的胆子的确太大了。妈妈说的不是没有道理，自己太过于疏忽了。

"妈妈我知道了，以后我一定会多注意的。"思思认真地对妈妈说。

美丽姣好的青春期女孩很容易引起他人的注意，女孩们应该有危机意识，注意自己身边的潜在危险因素。

女孩，要学会保护好自己。

1. 要有防范意识

在这个年龄段，大多数女孩由于年龄较小，心智发育不完全，对他人没有防范意识，很容易受骗，最终受到伤害。在与人交往过程中，也要做到"害人之心不可有，防人之心不可无"。与人友好相处的同时，也保护好自己。

2. 谨慎待人处事

女孩要学会保护自己的隐私，对于陌生人，不要随便告知对方自己的真实信息。对于那些没有任何原因，就对你特别热情的异性，你就要特别注意了，尽量远离他们。若发现对方有什么不好的想法或者行为时，一定要严厉拒绝，大胆反抗，保护好自己。

智慧锦囊

十几岁是女孩一生中非常宝贵的时期，是人格的塑造阶段。女孩们对社会还未形成一个深入全面的认识，面对社会中的潜在危险，女孩们要学会增强自己的自我保护意识，学习保护自己的手段，全面地保护自己，让自己健康、快乐地度过青春期！

女孩需要有自我保护的能力

每个人都有自我保护意识，自保能力是一个人最基本的能力，也是女孩独立生活的可靠保障。为了保护自己的身心健康和安全，女孩们应该多多掌握自我保护的知识，提高自我保护的能力。对女孩们来说，自我保护能力是在这个世界上生存下去的基本技能之一。

一天，还在上初中的玲玲飞快地冲进路边一家首饰店，她一边奔跑，一边大声地喊："爸爸！爸爸！"好像身后有人追着她一样。她的这一举动吸引了周围人的目光，大家都莫名其妙地望着这个神色紧张的小女孩，因为这里并没有她所说的爸爸。在没有人注意到的角落，一个男人正失望地转身离去，玲玲明显注意到了，随即放下心来。

她一抿嘴，眼泪从她惊魂未定的小脸蛋上滚下来。原

来，就在几分钟前，玲玲经过一条人烟稀少的路，想要去买一些日用品。就在半路，一个陌生的男人走过来和她搭讪，问她车站怎么走，想要玲玲带他去，并提出给她买好吃的糖果。玲玲敏锐地察觉了男子的不安好心，断然拒绝带路。但是，那个陌生的男人并没有放弃，他伸出手试图抓住玲玲。玲玲早有防范，灵巧地避开了，并且开始奋力向前奔跑。她想起老师教过，如果遇到了坏人，你就跑到人多的地方，然后不停地大声喊"爸爸"。于是，就出现了故事开头的那一幕。

玲玲正是因为掌握了自我保护的知识，才能临危不乱，最终安全脱身。这也显示出了自我保护能力的重要性。女孩应该注重自我保护能力的培养。青春期女孩的自我保护能力的培养,主要应该注意以下几个方面:

1. 女孩要保护好自己的身体

任何一个女孩,都应该有自我保护的意识,并且要掌握自我保护的本领。当女孩遇到他人试图非礼的情况时,不要惊慌失措,应该理智思考,想出解决的办法,如可以义正词严地警告他们、斥责他们,在气势上压倒对方,起到恐吓的作用。在摆脱对方以后,女孩最好远离事发地点,可以向老师和家长寻求帮助,也可以求助于路人。

2. 预防被歹徒盯上

女孩们最好不要一个人单独去比较僻静的地方,而要和同学结伴上学、回家。另外还需注意,言谈举止一定要大方得体,不要过分张扬,否则容易成为不法分子的目标。上学、放学路上尽量走大路,不走偏僻小路。穿着打扮要追求简单、舒适,没必要追求名牌,另外不要炫耀家里的财富,避免成为不法分子的目标。

3. 关于自身财物方面的保护

很多女孩粗心大意，在遇到危险状况的时候就无法正常思考，很容易给歹徒可乘之机，发生盗窃甚至抢劫的现象。这时候，女孩就应该注意提高自己保护财物的意识，保障自身安全的同时，也不忘保护财产。

智慧锦囊

每个女孩都应该明白，你无法一直生活在别人的庇护下，因此，务必要学会一些自我保护的本领。只有如此，才能在面对突发状况的时候，即使没有他人的帮助，也能运用自己的智慧保护自己的安全。

遇到色狼，冷静出手

女孩就像晶莹剔透的露珠，因为单纯和无知，最容易成为"色狼"攻击的对象。面对这些骚扰，该出手时就该有所行动。

青春期大多数女孩子在遭受他人的"性骚扰"后，作为受害的一方，一直把它当作一件十分羞耻的事情，选择沉默以对，很怕被别人知道，影响自己的名誉，成为众人议论的对象。再加上女孩本来就比男孩力气小，胆子也小，有的女孩宁愿"忍一忍"，忍受伤害，也不愿在当时有所行动，实施自救。有些人就是抓住了女孩子羞怯、胆小的心理，才敢肆意妄为。

小丹对小学四年级时的一幕仍然记忆深刻，她某天放学后和三四个玩得好的女孩在空地上玩游戏，正玩得起劲时，从旁边厂房走出一个中年男子，在旁边看她们，大家当时没在意。没想到，后来这个男子走到女同学韦韦的背后，当时韦韦背对着他，小丹看到这个男子用双手从脖子环住身材发育较好的韦韦，并将手放在了其胸前上下磨蹭，韦韦当时吓得不敢轻举妄动，另外几个女孩子也是不知所措的样子，一时都定在那里。过了好一会儿，男子才自行离开，几个女孩子都不说话，赶紧逃离了那里。小丹当时作为旁观者，内心十分害怕，但当时对这个男子究竟是在对韦韦做什么，她还不是太懂。当时她们根本没有"性骚扰"的概念，几个女孩

包括韦韦也都没有将这件事告诉家长。小丹说:"如果当时自己积极地采取行动,也许韦韦就不会任人欺负了。"

遭色狼侵袭是每位女性最大的噩梦,若不幸遇到此事时,也不要失去冷静,要随机应变。

如果遇到别人做出有关"性的诉求"或"性的行为"的举动,女孩就要多加小心了。

那么,遇到色狼应该如何处理呢?

1. 沉着冷静

遇到色狼的时候,女孩的内心肯定是非常恐慌的,但是这个时候应该克服内心的恐惧,保持冷静。其实,不仅你恐惧,你对面的"大灰狼"也是十分恐惧的,如果你出手反抗,他们很可能也就恐慌了,就此放弃了此次行动。所以,面对"色狼"时,要有大无畏的气概,找寻时机,尽快逃脱。

2. 要智取

凡事要讲究方法,不可任性而为。无论是色狼,还是歹徒，他们为了顺利达到自己的目的，往往是规划了一段时间的。与之相对的女孩，则是在毫无准备的情况下遇到这一切。所以，女孩在面对坏人时也不可横冲直撞，要讲究策略。可以从自己女性的身份考虑，利用歹徒小瞧女性的心理，假装放松对他的警惕，拖延时间，为自己的出逃做好准备。当然，女孩要仔细观察周边环境，利用周边的建筑物，必要的时候可以掩护自己，逃离险境。

智慧锦囊

　　女孩难免会遇到一些突发状况。在遇到不法之徒的时候，不要惊慌，一定要保持冷静。女孩只有内心是清醒的，才会让自己有机会脱离危险。如果只是一味地害怕，一味地向别人屈服，或许只会将自己置于更加危险的境地。女孩还要理智地思考解决办法，寻找合适的时机，该出手时就出手。

第 *06* 章

有了"曲线美"，接纳和欣赏自己

青春期，女孩的乳房如何保护

女孩在青春期内，乳房开始发育。乳房是哺乳器官，对健美的身形有重要影响。青春期，是乳腺发育的重要时期，女孩要特别关注对乳房的保护。

进入初中之后，婷婷的妈妈经常在她耳边唠叨说："你已经是个大姑娘了，不能像之前那么大大咧咧，要学会保护自己了，有些事情就不要做了，不要像假小子一样，到处疯跑疯玩。"但是对于妈妈的唠叨，婷婷却并没有放在心上。

所以，她还和之前一样，和一堆男生一起，放肆地玩耍，去打球、去赛跑、去踢球、打闹……

一次她和几个男生玩的时候，一个男生不小心撞到了她的胸部，剧痛迅速从胸部弥漫开来，但她紧咬牙关，没有吭声。

但是，到了晚上洗澡的时候，她才发现胸部出现了一大片瘀青，用手一碰，疼痛难忍。

婷婷快要哭了，只能向妈妈求助，妈妈心疼地责备她说："都告诉过你了，不要像之前那样，要约束一下自己的行为了，都是个大姑娘了，还不知道多加注意。你知不知道，乳房在发育期如果受到猛烈的撞击，内部的小血管会破裂、充血，从而形成囊肿，以后还有可能癌变，你啊，还是太不注意了。"

听了妈妈的话，婷婷后悔死了。不过有了这次"事故"，她下定决心，以后要时刻注意保护自己。好在这次的伤在几天后也好了，不过这对婷婷来说是一段无法言说的痛苦时光。

其实，乳房的保护不容忽视，女孩都应该像婷婷一样，充分意识到它的重要性。乳房是女性的重要器官，影响着女性的身形美，还有哺乳能力。那么，在乳房刚开始发育的青春时期，女孩该如何保护自己的乳房呢？

1. 避免外伤

乳房主要由脂肪构成，没有任何支撑，因此在受到外物的撞击后，更容易受伤。而乳房的皮下脂肪和小血管又比较丰富，外伤后容易引发局部血肿、破损，甚至感染等严重后果。

2. 克服不良情绪

伴随乳房的发育，女孩可能感觉到不自在，害怕他人的目光，不敢抬头挺胸，甚至用紧身衣服来束缚自己胸部的发育，这都会对乳房的发育产生不良的影响。女孩一定要挺胸抬头，积极面对青春期的成长标志，让生活充满快乐。

3. 注意营养

在选择食物方面，应以优质蛋白为主，还应注意其他营养物质的摄入。除了食用肉类食物，还应多食用瓜果青菜，注意补充锌、钙等微量元素。初潮后女孩容易患缺铁性贫血，因此女孩应注意适量地食用动物内脏和含铁的食物，以保证体内的铁含量充足。

4. 选择适合的内衣

在内衣的选择方面，应根据自己的胸围选择适合自己的内衣，在材质方面，应以质地柔软、吸汗性强的棉布类为宜。另外肩带应较宽，不宜少于两厘米。肩带也不宜过紧，最好选择有松紧带或可供调节纽扣的式样。内衣戴上后以能插入一指为宜。如果在合适的时机仍没有穿内衣，对乳房的发育也是十分不利的。

智慧锦囊

进入青春期以后，成长的标志开始在女孩的身上一一显现。在这个最关键、最美好的时期，女孩应该学会呵护自己的美丽，不可疏忽大意，否则最终伤害的只有自己，不要因为一时怕麻烦而为自己带来更多的后患，保护自己刻不容缓。

臀部发育，青春期的第二道曲线

青春期，女孩的身体开始迅速变化，女孩身体的第二性征也逐渐显现，臀部开始变得圆润。想要自己更具曲线美，就应该做到合理搭配饮食，注重营养均衡，才能塑造"亭亭玉立"的良好身形。不要因为自己身体的正常发育，而产生自卑等负面情绪。

安娜是刚上初中的小女孩，身体很健康，活泼乐观，只是微胖，尤其是臀部发育得比较丰满。她开始时并不在意，但是有一次，听到一位男同学喊她"大屁股"之后，她十分伤心，并决定为此改变自己。她开始刻意减肥，减少食物的摄入。坚持一段时间后，效果明显，体重明显减轻了。

但安娜对此并不满意，为了使自己臀部瘦下去，她还专门选购了据说效果十分好的减肥药。几个月下来，安娜看上去虽然比原来瘦了不少，但是她开始变得爱生病。更糟糕的是，她的情绪波动很大，当听到身边的人在悄声议论什么的时候，总觉得是在说自己，说自己长得难看，这也导致她和同学间的关系变得十分紧张。

安娜硬着头皮去找学校心理辅导中心的张老师，向她诉说了自己的烦恼。

张老师告诉她："这是青春期的正常现象，女孩发育时臀部也会增大。丰满的臀部象征着具有旺盛的孕育生命的能力，是身体好的象征，何必烦恼呢？你不要过于在意自己的形象啊，要心平气和地与同学相处。"

其实，臀部圆润，是青春期发育的标志。女性臀部的健美与腰部的线条、胸部的丰满同样重要。追求臀部的美，应该让它更加圆浑、强健且富有弹性，轮廓应该是明显地隆起，有一点儿上翘，形成柔软的波形。一般而言，亚洲女性因为体型差异，臀部多为扁平状的。那么，怎样改善这种状况呢？长期坚持做臀部健美运动就是一个不错的选择，这种锻炼对塑造美臀大有裨益。女孩不妨试试下面的方法：

1. 收膝举腿法

跪于平面，保持双手支撑。慢慢地抬起和伸直右臂和左腿到最高点，再缓慢降低至最初的状态，接着做反方向动作。在做动作期间，应保持头部与脊柱的自然状态。抬起的高度可以逐渐增加，向上时呼气。

2. 分腿半蹲练习

两脚开立，保持与肩同宽，慢慢下蹲，模仿坐在椅子上的动作，起立时要确保膝盖向前的程度不要超过脚趾的位置，保持上身直立，这个动作直接与臀大肌相联系，可以增加重量，增强肌肉组织力量。

智慧锦囊

　　臀部发育是青春期的第二道曲线，是美的象征。女孩想要自己的身形更具美感，就必须了解身体各部分的特点，有针对性地进行锻炼，方能使身姿体态匀称、丰满、柔韧和强健，富有无比动人的魅力。

青春期，不活在别人的目光里

女孩在青春期的时候，身体开始不断变化，最先显现出来的就是乳房的发育。有些女孩因为自己的与众不同而开始慌乱，一时无法接受自己的改变，总是担心别人的嘲笑或者议论。在校园里、在食堂内、在操场上，听到别人在窃窃私语，别人望向你时，就觉得别人在议论或者关注自己的不同，总感觉自己处于一种尴尬的境地。为此，女孩选择努力掩饰自己胸部的不同，用又紧又瘦的内衣，把自己的胸部紧紧地束缚起来。其实，这一做法是十分不可取的。

刚上初一的思雨，感觉自己的胸部每天都有变化，她开始觉得不自在，不知道如何面对这种变化。在上体育课的时候，一跑起来，胸前就像揣了两只活蹦乱跳的小兔子。面对大家异样的目光，她觉得十分不好意思。于是悄悄去成人内衣店，买了一个很紧的胸罩戴上。她感觉如此做，自己就不那么引人注目了，但是每天戴着束缚自己的紧身内衣实在是很难受。

那天她和妈妈一起洗澡时，妈妈发现她的乳头不明显了。本来应该向外凸出的乳头，因为挤压而深陷乳房组织里了。

妈妈对此非常焦急，害怕影响胸部的正常发育，赶紧带她去医院。医生面带微笑地告诉思雨，有很多像她这样的女孩因为对乳房发育感到不好意思，而过早地戴上紧紧的胸罩，有了不适才来看医生。她们不知道束胸有很多危害，除了会导致乳头内陷异常，还会直接限制乳腺管及腺泡的生长，影响乳房的正常发育。另外，束胸使胸内脏器受压，会

要穿合适的内衣。

影响肺的呼吸和心脏的跳动，使心肺功能受到损害。时间久了，也会引起心肺方面的疾病，直接影响到身体健康。

在女孩成长的过程中，女孩不断发育，第二性征开始出现。其中，乳房发育是最明显的特征。乳房开始不断变大，很多女孩觉得这是不好的现象，开始躲避别人的目光，不愿别人看到自己突出的胸部，连腰都不敢直起来。长此以往，只会严重威胁自身的身心健康，还会影响乳房的正常发育，给未来的自己带来许多烦恼。

其实，这都是青春期的正常现象，这是成长的标志。在这个阶段，你要做的就是学会引导自己，正确看待乳房发育。不要惧怕别人异样的目光，抬头挺胸才是女孩该有的姿态。

智慧锦囊

在青春期，女孩面临着心理和生理的双重考验，在这个关键时期，女孩的一些错误认识也正在逐渐显露。想要摆脱别人的影响，平稳、快乐地度过青春期，女孩们就要对青春期有正确的认识，直面青春期的变化。

"太平公主"的称号也能够改变

到了青春期，女孩的乳房开始发育。这个时候另一个问题也开始出现，就是有的女孩的胸部发育过晚或者过慢，也因此得到了"太平公主"的称号。其实，乳房的发育与多方面的因素是息息相关的，这代表了不同的发育进度。所以，当你的乳房发育与别人不太一样的时候，也请不要过于慌张。

读初二的萌萌来到学校医务室，悄悄地向校医咨询："我已经15岁了，我注意观察了自己周围的女同学，人家的乳房都开始发育了，她们有的挺起高高的胸，有的戴上了胸罩，可是我的胸却是平平的，这是为什么呢？以前我只穿内衣，最近感到自己越来越不正常了，我感到很自卑。尽管我让妈妈为自己买了一副加垫的胸罩，可还是一直为自己扁平的胸部苦恼。妈妈劝我不要着急，可我还是禁不住问您，我这样的状况是正常的吗？"

校医告诉萌萌，乳房发育是和多方面的因素有关联的，她这状况主要受"先天"和"后天"两大方面因素的影响。

先天原因主要与父母身体状况和母亲孕育她时的状态有关。比如，母亲孕育孩子时妊娠反应较重，恶心呕吐频繁，营养物质摄入、吸收、利用不良等。

后天原因主要是体质状态和生活习惯不当。比如长期偏食厌食、营养不均衡；经常不吃早餐，饮食没有规律；青春期害怕肥胖而盲目节食等都可能导致后天肾精亏虚。

青春期的少女，以身体迅速发育、成长为主要特征，这时羞涩的小女生开始慢慢过渡到含苞待放的青春少女。面对身体和心理发生的各种变化，很多女孩往往不知所措，这时候女孩就要学会调整自己，不虚度这个发育的黄金时光。

那么，怎么让自己的胸部正常发育呢？

1. 注意饮食

多吃一些富含维生素E的食物，如菜花、葵花籽油等都是不错的选择。这是因为维生素E对卵细胞的发育和完善有促进作用，能够促使成熟的卵细胞不断增加，黄体细胞不断增大。而卵细胞是能够刺激乳房发育的雌激素的重要来源。

2. 挺胸着装

青春期是胸部发育的重要时期。在这个阶段，女孩一定要学会选择适合的内衣，不可让它们约束自己胸部的正常发育。最好不要选择肩带和罩杯过紧的类型，要选择适合自己胸型的内衣，保证胸部的形态美且有透气性。

3. 参加体育运动

青春时期是充满激情的岁月，在这个时期，女孩可以多多参加体育运动，运动不仅能够帮助我们锻炼身体，还能帮助女孩获得梦寐以求的完美身形。举哑铃、游泳、扩胸运动、打网球都是不错的选择。

智慧锦囊

你是不是想要摆脱"太平公主"的称号？不用着急，你可以通过一些措施来改善这一状况，让它慢慢发育起来。当然，这也需要一个过程，你只要选择适合自己的方法，多加坚持，就能得到自己想要的结果。

第07章

做阳光女孩，保持健康心态

走出多愁善感，把握当下

女孩们有时难免多愁善感，活在自己的世界，只关注自己的感受，她们喜欢回忆过去，也会憧憬未来的美好生活，但是却往往忘了把握现在。

多愁善感也是负面情绪的一种，偶尔的多愁善感是善良重情义的表现，但要是一直如此，其实对自己和他人都没有什么益处。

盼盼这几天一直闷闷不乐，与她之前整天笑嘻嘻的状态大为不同。对此她的好友蕾蕾深有体会。于是，蕾蕾关心地问："盼盼，看你不是很高兴，你没什么事情吧？"

盼盼被蕾蕾这么一问，实话实说了："我最近莫名地不开心，这种情绪总是突然出现。后来我又仔细地想了想，可能与我最近在听的伤感音乐有关吧，那些音乐听起来有很沉重的感觉。"

听盼盼这样一解释，蕾蕾松了一口气。

"其实盼盼，你可以试着听乡村音乐，那个调子比较欢快，你的情绪就不会这么低落了。"蕾蕾建议道。

"我耳机里也有欢快的音乐，但是与别的音乐相比，沉重的音乐听起来更有感觉。"盼盼向蕾蕾解释说。

在这个竞争激烈的社会，总是多愁善感会和社会的发展格格不入，严重地影响人们的生活和学习状态。我们每个人都希望自己的才能有施展的舞台，都希望自己可以成为人生

的强者。但是，如果你多愁善感，就会失去很多机会。多愁善感、阴晴不定的情绪还会成为成功路上的绊脚石。

那么，怎样告别多愁善感的情绪呢?

1. 看到事情积极的一面

对于一个乐观的人而言，即使在失败中也能看到成功的希望。乐观的人能够将困难当作自己人生的宝贵财富，遇到困难也毫不退缩，能够充满信心地迎接这些挑战。所以，女孩应该学会不拘泥于眼前的成败，将眼光放得长远，树立自信，逐渐养成乐观的性格。

2. 发展多种兴趣

平时，女孩可以试着多发展一些兴趣爱好，从自己感兴趣的事情中发现生活的美好。结交与自己志趣相投的好友，在美好的氛围中，激发自己的无限潜能，丰富自己的生活，让自己远离多愁善感。

3. 面对现实

当自己开始胡思乱想的时候，不妨做一些户外运动、听听欢快的音乐、做一些自己感兴趣的事情，让自己走出这些不良情绪的束缚。多提醒自己，让自己的内心简单一点，现实一点，做一个简单、快乐的人，不多愁善感。

想要走出多愁善感的世界，并不是一朝一夕就能完成的，是一个人不断改变、不断成长的过程。这就需要你有耐心、充满信心，逐步地告别多愁善感，健康、快乐地成长。

智慧锦囊

多愁善感听起来很有美感，惹人怜爱。可是在这个竞争激烈的社会，一个多愁善感的女孩，会因为这种消极的观念，给自己设置很多障碍，甚至会遭遇很多不幸，让学习和工作受到诸多阻碍。女孩应该学会调节自己，做自己情绪的主人。

青春里的那一场暗恋

初恋是纯真的，也是美丽的，青春萌动的时期，女孩们都会有自己的小心思暗恋到底是什么呢？

楠楠是一个活泼开朗的小女孩。周末，她去书店买完心仪的书后，打着伞往家走。细雨蒙蒙，街道上都是匆匆行走的路人。忽然，她看见阿森骑着车，背着书包，从远处向这边飞奔而来，他看见楠楠，挥了挥手，楠楠对他笑了笑，他也就匆匆而过了。楠楠看见他的车篓里装着篮球，看着他越来越远的身影，心里想：还真是一个帅帅的少年呢，这就是自己平日里喜欢的男同学。他们是同桌，每天小打小闹，在楠楠看来上学是一件幸福的事情。楠楠就这样在细雨中望着他消失在雨幕中。

而在阿森的心中也有一个"偶像"，但不是楠楠，而是邻班的一个女同学。阿森很喜欢弹钢琴，小时候学过两年，后来

128

不学了，所以他特别关注会弹钢琴的女孩子，可能是对自己未完成的钢琴梦的一种祈盼。有一次，在艺术楼，他听到优美如流水般的琴声，情不自禁地走到音乐教室，看见一个女孩在钢琴前认真地演奏着，细长的手指在黑白相间的琴键上有节奏地移动……阿森欣赏了一会儿，慢慢走开了，可是这一幕情景在他心中久久不能忘怀。后来，他知道她是邻班的同学，但是，他一直不知道她的名字，也不好意思问，他将这份感情藏在自己心中的一个小角落，夜深人静的时候拿出来想一想。

其实楠楠和阿森的心理感觉都是正常的，处于青春期的男女，总是对异性充满好奇，想要接近异性也是正常现象，这是性意识发展到一定阶段的必然表现。而我们将这些藏在心中的感觉称为暗恋。

暗恋是自己的内心体验，自己是唯一的主角，在暗恋的戏码中一直默默付出。尤其是暗恋者自己会将暗恋深埋心中，羞于向别人说出自己内心的感受。然而，这很容易让人产生心理障碍，造成心态失衡，进而使情感失控，不顾一切做自己想要做的事情。

面对暗恋，女孩们可以：

1. 进行积极的情感暗示

学会给自己积极的暗示，在日常生活中，多关注自己的优点和值得别人欣赏的地方。也许别人还没有看到你的优点，那也不用着急。在将来，总有人能够欣赏到你的美。所以，与其暗恋别人，不如充实自己。

2. 让自己忙起来

制定一些小目标，每天不断努力完成它，你就能看到自己的进步。经过一段时间的沉淀，你的内心会充实起来，内心也就释然了，而且能够知道什么才是适合自己的，找到自己未来的方向。

3. 学会情感自救

女孩暗恋时也会遇到这样的状况：当深藏内心的爱恋好不容易鼓起勇气说出口时，却遭到对方的拒绝。有的女孩会就此消沉，觉得自己最美的心事最终化为了泡影，或者怕别人的耻笑，觉得自己的人生一片昏暗。其实，如果冷静地看待这个问题，女孩会发现：被拒绝是很普遍的事情，因为暗恋是你一个人的幻想，却并没有将对方的想法考虑在内。当然，有很多女孩很清楚这一点，只是一时无法接受。这时，不妨痛快地发泄一下，大哭一场，或者放声高歌一曲。另外，还可以和别人倾诉一下内心的感受，倾诉的对象可以选择自己信赖的人，倾听别人的意见，从而走出阴霾。

智慧锦囊

暗恋是青春期的普遍现象，也是一种正常的心理现象。如果深陷其中，严重影响到了学习和生活的话，就要重新审视这个问题了。处理好暗恋这件事情，有利于女孩顺利地度过情感波折期，成为从容成熟的女性。

有了"恋师情结"怎么办

在青春期，女孩可能会出现"恋师情结"，那是女孩心中最敏感的情感，是不想向别人透露的秘密。这种情结一般是不成熟的表现，毕竟这件事情苦苦追寻也不会有什么结果。"恋师情结"是女孩成长过程中出现的正常心理现象，有了此种情绪，也不必过于惊慌。

宁雪是高一的学生，她的语文成绩很好。在上学期开学不久，宁雪所在班的语文老师因病请假休养，学校安排了刚刚毕业的张老师来代课。张老师去年才文学硕士毕业，他个子高高的，戴副眼镜，待人总是十分有礼，一副文质彬彬的样子。他的课也十分受欢迎，在他的课上总是一片欢声笑语，张老师讲课都是充满激情的，常常是妙语连珠且幽默风趣，学生们在欢声笑语中学到了知识。其实从张老师的第一节课开始，宁雪就被张老师深深地吸引。她佩服张老师不凡

的谈吐、儒雅的气质，因而眼
神渐渐变得迷离，张老师和她
心目中白马王子的形象渐渐重
合。张老师一道不经意的眼
神扫过宁雪，她就会感到紧
张、心跳加速，有种淡淡的幸
福感。

随着时间的推移，宁雪的
语文成绩不但没有提高，反而
有所下降。每当张老师为她讲
解难点时，宁雪就会不知所措，不敢看他。老师的认真讲解
她没有听进去多少，脑子里都是"老师好帅气，感觉越来越
喜欢他了""很喜欢老师在身边的感觉"。宁雪成绩下滑，
引起了父母的担忧，但不知道原因何在，在批评她的同时父
母也加深了对她的关注，宁雪也为自己成绩下降而自责。高
考都已经进入到倒计时阶段，但是宁雪的心中还是无法割舍
对张老师的爱慕，又不敢去表白，这让她常常心绪不宁。宁
雪也常常问自己：到底该怎么办才好呢？

处于青春期的你，可能也和宁雪一样，对自己的老师产生了一种朦胧的感情，崇拜中夹杂着爱慕的微妙情感，这就是所谓的"恋师情结"。这些老师也许才华横溢、风趣幽默、关爱同学，这也使你在潜意识中对老师的感情产生了微妙的变化。

虽然"恋师情结"是正常的现象，但是你要告诫自己，万不可沉浸其中，应该尽早地走出来。老师已经是成年人，在那个年龄段，老师很可能已经步入婚姻的殿堂，甚至有了自己的孩子。因此，如果女孩对老师的崇拜或者倾慕，发展成为师生恋或者越轨行为，那么也就失去了当初的单纯和美好，随之而来的将是无尽的烦恼。在所有的事情还未发生的时候，及时调整自己才是最好的选择。

所以，最明智的做法就是将这份美好的感情深藏心底，随着时间的推移，随着自己阅历的增加、眼界的开阔，你逐渐走向成熟，这份恋师情结终将成为你回忆中值得回味的美好记忆。

那么，在现实中女孩应该如何克服这种不成熟的"恋师情结"呢？

1. 正确看待自己的感情

女孩首先要学会正确看待自己的感情，明白这只是人生的一段插曲，是成长路上的美好风景，我们终会走过这段路途，向前方行进。更为重要的是，在学习这个重要的阶段，应该学会将这份崇拜转化为学习的动力，将老师作为自己学习的榜样，争取能够取得好成绩，可以和老师媲美。

2. 走出自责的泥淖

"恋师情结"只是自己的个人行为，并没有伤害到任何人，那么就不必陷入自责的泥潭。这份对老师的感情，并不能视为爱情，即使心中有暗恋，也不必过于自责，这可能是很多女孩都经历过的阶段。

智慧
锦囊

青春期的你是一只"羽翼未丰"的鸟，无法承

载过多的感情，无法飞翔的翅膀怎能够承载得了一
生一世的承诺呢？别让青春过早地承受太多，想让
青春无悔何不为自己的梦想插上翅膀，让梦想展翅
翱翔！

试着驱赶你的逆反心理

随着年龄与见识的增长，女孩的心理世界开始发生变化，常常因为外界因素的影响而产生焦虑和烦恼，甚至会有抵触和反抗的情绪。其实，这就是所谓的逆反心理。逆反心理的问题也是不容忽视的，否则会引发不可挽回的结果。

琳达从小就是人人夸赞的乖乖女，对老师和父母都十分有礼貌，从不违背长辈的吩咐。她功课很好，又遵守纪律，深受全校师生喜欢，更是父母心中的骄傲。可是进入青春期以后，琳达就像完全变了个人，和之前的表现大相径庭，她开始厌烦老师和父母的教导，逆反心理严重，在学校总是与身边的人争论不休，回到家里也是和父母对着来。

最初琳达只是和不同的人争吵，她认为这是体现自我的表现，感觉自己之前的做法实在太没有自己的主见了，连质疑别人的想法都没有，总是无条件地服从别人的指令，现在的她不一样了，有了自己的想法和价值观以后，她觉得这才是自己，能够发出心里的声音。

可是随后发生的事大大超出了老师和琳达父母的预料，琳达不但为了避开自己讨厌的老师而选择性地旷课，还染了头发，身上开始有了纹身，和父母的冲突也越来越激烈。琳达的父亲终于忍无可忍了，扬起手扇了她一个耳光。这是她从小到大第一次面对父亲的怒火，琳达捂着脸，愤恨地说："你会后悔的。"随后便跑出了家门。

　　琳达的父母本以为女儿哭闹够了，自然就好了。可是，每天晚上琳达仍然没有回家。琳达的父母找遍了女儿经常去的地方，又给琳达的好友一一打电话询问，结果一无所获。琳达没有去同学家，也没有到平时喜欢驻足的地方散心，大家失去了琳达的任何消息。

　　三天过去了，琳达的父母和她完全失去了联系，警察也没有关于她的任何消息，这名叛逆的少女此时此刻正躲在一家廉价的旅馆里吃着冰冷的快餐，她不想回到父母和朋友的身边，只想一个人独自在外漂泊。她本以为这就是她未来的生活，但是很快她就被现实打败了。离家出走时她把积攒多年的零用钱全部带在了身上，没想到不到一个星期，她就没有钱了，幸好这时她的父母就找上门来了。原来是琳达的父母在各大报纸上刊登了大量的寻人启事，并留下了联系方式，旅馆老板看到报上的照片便联系了他们。

　　其实，琳达的这些表现都是由于逆反心理造成的。

　　逆反心理是指，人们彼此之间为了维护自尊，与对方的态度和言行表示对立的一种心理状态。多数人会评价为"不受教""不听话"。青少年想要通过这些行为来展现自己的独立，这往往都是"逆反心理"在作祟。逆反心理在青少年成长过程的不同阶段都可能发生，且有多种表现。若不多加注意，就可能引发诸多不好的影响。

因此，青春期女孩应该学会克服逆反心理。

1. 要正确认识自我，努力完善自我

引起逆反心理的原因可能是太过于以自我为中心，认为自己做什么事情都是正确的，不听取别人的建议。其实，每个人都是有缺点的，每个人都会犯错误。你也不例外，女孩应该经常提醒自己，不可过于武断，当意见不统一的时候也不要过早下决断，要虚心听取别人的意见和建议，接受别人的教导，努力提高自己的内在修养，健康成长。

2. 做自己情绪的主人

要善于控制自己的情绪，不要被情绪牵着走，要做情绪的主人。无论遇到什么事情，都要等冷静下来做理智的判断，不要过分偏激，不听别人的劝告。遇到问题的时候要学会控制自己，锻炼自己的情绪控制能力。另外，遇到问题的

时候，还可以和父母、老师沟通，借鉴他们的意见，这样也对解决问题有帮助。

智慧锦囊

逆反心理并不是异常现象，而是女孩在成长的道路上，自我意见的表达与他人不统一而产生的正常的心理现象。但是，这并不意味着逆反心理是好的，它的存在，只会阻碍女孩的成长。想要健康成长，女孩应该对此有正确的认识，学会自我调节，远离逆反心理的侵袭。

第*08*章

早熟的果子不香甜，请对早恋说"不"

花开应有时——早恋不可取

所谓"早恋"，就是在不合适的时间里，过早地品尝了恋爱的滋味。在这方面，女孩的表现尤其明显。因为女孩的性成熟要早于男孩，再加上女孩平时倾向于阅读言情类的书籍，所以女孩从十二三岁步入青春期开始，就表现出有强烈的性好奇和异性爱慕心理，非常渴望谈一场恋爱。在这个时候，女孩还不了解爱情真正的含义以及爱情有何责任和义务。若早早加入了恋爱的队伍，不加以自我调整以及引导的话，很可能影响到自己的未来。

从科学的角度来说，进入青春期后的女孩会对自己心仪的异性产生异样好感，这本身是无关对错的，这是女孩必经的一个成长阶段。

前一刻还是晴空万里，后一刻突然阴云密布，开始下起了瓢泼大雨，书蕾没有带伞，只能在教室里等着雨小一些再回家。书蕾只好一个人坐在窗前，心里祈祷着雨能快些停下来。

"书蕾，你怎么还不回家呢？"坐在书蕾前面的一个男同学问她。书蕾沮丧地说："没有带伞，怎么回家呢？"

"我这里有一把伞，你拿去用吧。"他不知从何处"变"出了一把伞。

"那你怎么回家？"如果书蕾把伞拿走，那他用什么呢？书蕾不禁关切地问了他一句。他却憨憨地笑了一下，用无所谓的语气说："没事，我很近的，跑一会儿就到家了，没事的。"

听到这里，书蕾的心里确实是有点小小的感动，于是就提议道："我们一起走吧，正好顺路，这样都不会被雨淋了。"他听了之后，欣然地答应了。

就这样，书蕾和他同时打着一把伞"漫步"在雨中。在这把伞下，书蕾想了很多，她觉得身边的他就像突然出现的王子，解救了自己。

老天似乎在和他们作对，雨越下越大，一把小伞根本就无法保护他们两个人。他倒是挺绅士的，把雨伞不停地往书蕾这边挪，自己瞬间就变成了"落汤鸡"。

这一刻，书蕾的心中突然变得暖暖的，有高兴，也有感动。

晚上，书蕾躺在床上，怎么也睡不着，脑海里总是浮现着他那特殊的憨憨的笑容，难道这就是喜欢吗？唉！也许，女孩就是不应该和男孩交往，只不过是一起走回家而已，为什么自己却会很晚都睡不着觉呢？

在这个懵懂的年龄段，每个人都会对某个异性产生一种特殊的好感，但如果仅仅因为一时的好感就过早地开始一段恋爱，只会带来很多的麻烦，扰乱自己正常的学习和生活。

青春期的女孩可以对异性有好感，但必须学会自我控制，不要任由这种感情肆意发展。青少年时期是精力最旺盛、求知欲最强、变化最快的时期，但是女孩在这个时期生理以及心理发育都不够成熟，人际交往方面有所欠缺，对于性知识的了解比较少，性道德观念还未完全形成。因此，在处理同学和朋友间的两性问题时还不够成熟，更加谈不上选择陪伴自己一生的情侣了。如果一旦盲目冲动，偷尝禁果，就更有损身心健康，甚至还会留下终身的遗憾。

那么，女孩应该如何看待早恋这个问题呢？

1. 正视自己内心的情感

到了一定年龄，女孩的情感会自然萌发，此时不必害怕，但也不要投入过多的精力，不要任由这份感情持续发展。最佳的处理方式就是正视自己的情感，接受它的存在。情感的产生是自然的，女孩很可能对身边的人，或者某个影视作品中的人物产生好感。有好感是可以的，但不要将过多的精力放在这方面，尤其是在这个学习的重要阶段。

2. 与异性交往时注意距离

每个人都需要自由的空间，青春期的女孩也是一样。但是这个时候，就要注意，与异性相处的时候，要适当保持距离，保护自己，远离早恋的旋涡。

保持距离并不意味着不和异性接触，女孩在与异性相处的过程中，既要活泼开朗、热情大方，不引起别人的紧张感，让人感受到你的热情之余，也要保持适当的距离，不可过分亲近，使人感觉你过于随便，给对方造成误会，也让自己有足够的自我空间。

3. 转移注意力

转移注意力，让自己远离早恋。女孩可以鼓励自己多参加一些有益身心的活动，释放自己充沛的精力，升华自己。在学校内，女孩可以多参加一些集体活动，如课外小组、公益活动等，在校园外，可以选择自己感兴趣的活动，既可以发展自己的兴趣，又能够丰富自己的生活，如读书、写作、听音乐会等，让自己的课余生活多姿多彩，以正确的方式和途径化解早恋的苗头。

智慧锦囊

女孩们，不要在学习的阶段早早地走进恋爱的世界，让爱情的云朵阻碍了自己未来的发展道路。女孩要学会在恰当的时候，给自己的感情暂时上把锁，珍惜这段黄金时光，将更多的精力放在提高自己上面，努力提高素养、增长知识、提升道德水平，待自己成熟之时，再尽情释放自己的感情！

当周围有同学谈情说爱时，你该怎么办

青春期的女孩会遇到很多青春期的感情问题，这些都是青春期都要经历的。女孩们心中会对某个异性产生好感，若放任这份感情随意发展，那就会早早地走进了恋爱的大门，影响自己的学业。如果早恋的人是你的朋友，你该如何处理呢？涵菡就遇到了这样的状况。

涵菡在16岁的时候升入高中，开始了住校生活。初中的好友露露和涵涵一同进入了这所高中。涵菡的脾气很好，学习也不错，特别是英语，成绩是年级前几名，这让她比较顺利地融入了集体中。

但是，她的朋友似乎没有像她这么快融入集体。露露的心里还是有很多烦恼，无法摆脱心中的孤独感。班上的同学彬彬经常向她请教英语，作为"回报"，彬彬又经常教露露如何打理个人生活。随着交流的加深，两人渐渐产生了情愫。露露发现自己喜欢上了彬彬，脑子里经常是他的一颦一笑，总希望两人能多一些时间在一起。在爱慕之心的驱使下，露露的学习成绩开始下滑，注意力全放在了彬彬身上。当其他女同学和彬彬正常来往时，露露发现自己非常嫉妒，还因此和同学闹过不愉快，不仅露露的学习成绩下降了，彬彬的成绩也下降了。涵菡看到这种状况，不知应该做什么。

班主任和父母知道情况后，对露露进行了多次劝说，甚至让她搬回家里住，但效果也不太理想。为此，他们对露露进行了劝告，露露的父母也对露露进行了严厉批评，这些都让露露感到委屈和苦恼。彬彬更因此与老师和父母都产生了隔阂，导致家庭关系、师生关系紧张，和露露之间也没有之前相处时的轻松快乐了。两人在一起时常常为这些不如意的事情而烦闷，甚至争执拌嘴。

其实，像露露这样的青春期女孩在现实生活中有很多。很多女孩进入青春期后，会变得叛逆、情绪冲动、爱美，也会遇到很多青春期的恋情问题，这些都是正常的青春期现象。

但是，这个时候的恋爱就像一朵早开的花朵，娇弱的身躯还不足以抵挡外界狂风暴雨的洗礼，花朵很快就会凋零，留下的只是深深的伤害。所以，女孩要经受住外界的种种诱惑，远离早恋的旋涡。当身边的朋友经受不住考验，开始早恋时，深知早恋危害的你，该如何处理呢？

1. 让朋友感受到更多的关心

青春期女孩原本对同伴情感就有着强烈的需求，尤其是对异性的情感，女孩在青春时期开始表现出对异性的好奇心和好感，当发现朋友有了自己喜欢的异性时，首先，不要惊慌；其次，你要学着相信自己的朋友，然后多多关心她，让她走出早恋的影响；最后，缺乏他人关心她女孩谈恋爱的一个因素，女孩在异性中寻求关爱来填补自己内心深处的情感空缺。这就需要作为朋友的你，给予她更多的关爱。

2. 劝告对方

你可以劝告对方，早恋是不现实的。早恋就如一朵带刺的玫瑰，虽然看起来十分美丽，却会带来很多伤害。在这个阶段，大家都还在长身体、求知识，若过早地进入爱情世界，一般是不会得到家长、老师和社会的支持的，这段爱情是很难走长远的。女孩想要跨入爱情的大门，需要考虑清楚它的危害。

3. 不受他人的影响

如果是一般同学，可以与她们保持一定的距离，不要让她们的行为影响自己，要禁受得住诱惑，珍惜这段珍贵的学习时光。

智慧锦囊

　　亲爱的女孩，如果你正在品尝早恋的甜蜜，但是又十分忧虑，不知道何去何从，那么不妨听听过来人的建议。以你现在的年纪还无法全面地了解爱情和婚姻的真谛，不要盲目地将自己推进早恋的旋涡。对一个人有好感并没有错，但是你应该明白，早恋的成功率是十分低的，在这个阶段就应该将精力全部放在学习上面，以学业为重，不要迷失自己，耽误了自己的未来，虚度了这段美好的时光。

情窦初开并不可怕

从青春期开始，女孩的生理和心理都开始变化。随着第二性征的产生，对于异性表现出好感或者爱慕的心理也逐渐出现。这是一段情窦初开的岁月，是一段青涩的爱恋的开端，在还没有经历一切之前，对事事都充满好奇，这种朦胧的感情大多出于一时的心理感受，只要好好调节，也没有什么可怕的。

芳菲是个活泼、开朗的女孩，和朋友相处融洽，和妈妈也如同好朋友一般，无话不谈。但是，自从芳菲开始进入青春期后，有些事情似乎发生了一些变化。妈妈不再是她最好的倾诉对象，她开始有了自己喜欢的男孩，有了自己的小秘密。她会将自己的这些记到日记本里，日记本还上着小锁。

一段时间后，芳菲的妈妈发现了芳菲的异常，主动和芳菲谈起自己青春期的一些心态，谈到自己少女时代对异性的好感。说到一些趣事，芳菲竟听得哈哈大笑。笑过后，芳菲若有所思地说："想不到妈妈也有那样的经历啊，唉！"

"你最近是有什么苦恼吗？"妈妈关心地问。

"妈妈，我很喜欢我们班的学习委员，他可厉害了，成绩又好，人又长得很高大、帅气。只要一想到他，我就心跳加速，真希望他也能关注我。我不是坏孩子吧？"

"噢，青春期这些都很正常的啊！在这个阶段，正是对异性有好感的阶段。如果没有这种感觉，那才是不正常的呢！"

"你说我这算不算是早恋？"芳菲忧心忡忡地问。

"傻孩子，这叫什么早恋啊！这种感情只能算是对异性的好感罢了。当然，如果让这种感情继续发展，也有可能发展成早恋，进而影响你的学习和生活，这些都是无法挽回的。所以要在一切还没有发展到最坏的状况前，学会控制自己。你已经长大了，我相信你一定能把握好自己！你不是希望他也注意你吗？你可以把自己各方面发展得更优秀，努力把学习成绩提高，争取超过他，让他反过来对你刮目相看啊！"

"对呀！"芳菲高兴地说。

由于芳菲"化爱情为动力"，加倍努力，期末考试时，她的成绩大幅提高，已接近学习委员了。芳菲信心百倍地对妈妈说："下次考试我一定要超过他！"自然而然地，芳菲心中的朦胧感情也变淡了，她将更多的时间放在了学习上。

傻孩子，这叫什么早恋啊？

青春期，这种朦胧的对异性有好感的心理是正常的。这份感情在自己的心中，无法找人倾诉或者害怕对方拒绝，这也就造成了女孩内心的混乱，更是无心学习，久而久之，生活和学习就会变得一团糟。假如你鼓起勇气告白，对方也接受了你的心意，也不要忘了青春期的爱恋是不现实的。女孩要做的就是学会控制自己的感情，给这份感情降温，不要让这份激情燃烧自己，给自己带来巨大伤害。

具体来说，在青春期的异性交往中，女孩应注意以下几点：

1. 正确看待男女交往

男孩和女孩的交往都是正常的，但是也不提倡个体交往，更加提倡群体交往。这是因为，如果把自己局限在一个小的团体中，那么也就失去了交更多朋友的机会。只有多交往一些朋友，才能更好地了解朋友之间纯洁的友谊。在一个大团体中，互相帮助，共同成长。

2. 让孩子把握好与异性交往的尺度

女孩在与异性交往时，应该学会把握交往的度。在异性面前，注意言行举止，但也不要过分拘谨，"扭捏只会让对方感觉不自在，"要表现得大方得体，也要注意不给对方造成误会，让友谊长存。

3. 扩大交际圈

每一个女孩都应该和不同的人打交道，学会人际交往之道，多交一些朋友，在遇到什么问题的时候，也有可以依靠的人，可以帮助女孩走出那些困扰自己的青春期问题。但是，女孩也要注意尽量避免和异性一对一的亲密接触。

智慧锦囊

人生是珍贵的，你永远没有重新再来的机会。在这个青春年少的时期，你有很多事情可以做，有梦想去追求。当然，也有爱恋的情愫产生，女孩应该学会将这份不现实、不恰当的感情升华，让它成为自己向上的动力，做最好的自己，追寻自己的目标，才不辜负这段美好岁月。

女孩收到情书，该如何处理

进入青春期后，男孩女孩之间懵懂的情感开始出现，很多大胆的男孩比女孩更加勇于表达自己的爱恋，他们可能会给自己喜欢的女孩写情书，当女孩收到情书时会是什么感受呢？可能是激动中伴着小小的骄傲，有一种被别人认可的感觉，感觉自己是优秀的吧！但是，之后女孩该如何处理这些情书呢？

晴晴穿着新衣服，神气地走在校园里，果然引来了好多男生的注意。就连丽丽都忍不住说："哟，晴晴，几天不见，你变漂亮了啊。"晴晴腼腆地笑了笑，不时地偷望着四周的人，发现他们都看着自己，晴晴不禁骄傲起来，心里简直是乐开了花。

下午上完了体育课，晴晴满头大汗地跑进教室，急忙把抽屉里的一瓶水拿出来，直往嘴里灌。她坐在座位上，发现地上有一张粉红色的信纸，好像是刚才自己拿瓶子的时候掉出来的。她好奇地捡起来，慢慢打开信纸，看到里面写着："晴晴，犹豫了好久，还是决定给你写这封信……你不要猜测我是谁，我只是一个默默喜欢你的男孩子，我很普通，普通到你可以忽略不计……希望你每天都那么快乐。"看完信的晴晴觉得血液上涌，连忙把信塞进抽屉里，又拿着瓶子喝了几口水，心里很慌乱。

过了一会儿，平静下来的晴晴开始猜测：这到底是谁写的呢？看这娟秀的字迹，自己好像很熟悉，但又想不起是谁的。这时候，同学们陆续进了教室，看着一张张熟悉的面孔，晴晴茫然了。突然，进来的阿亮看了晴晴一眼。阿亮是个平时不怎么说话的男孩子，但是长得很文静也很帅气，写得一手好字。晴晴渐渐回忆起上次收练习本的时候，自己还夸阿亮的字写得很好呢。原来是他，晴晴心里一阵慌乱，不知道该如何是好。

青春时期，收到情书和约会小纸条的现象时有发生，收到情书，女孩往往会喜不自胜，认为自己有魅力。但也不要被青春期的"爱"所迷惑，因为处于青春期的你们正是增长知识和身体成长最关键的时期，这一时期，你们的身体器官特别是性器官正处于发育阶段，而且记忆力、思维能力、学习能力、精力和热情等，也要比成人更强、更旺盛。从这个意义上说，青春期是人生中学习和成长的"黄金时段"。因此，处于青春期的你，主要任务就是学好文化知识，锻炼和培养较强的身体素质、心理素质、思想素质等。

青春期的女孩，如果收到了情书，应该如何做呢？

1.　委婉地拒绝别人

收到了情书，你可以委婉地拒绝对方。写信表达自己的想法，你可以这样对他说："感谢你对我的认可，但是我希望和你永远是好朋友。我们现在都还小，还不懂得真正的爱情，现在的主要任务是认真学习，是培养和锻炼自己各方面的能力和素质，你觉得呢？让我们一起为了考一个更好的大学、为了在各方面取得更优异的成绩、为了更美好的前程而努力吧！相信到那时，我们会收获更多的幸福。"然后，鼓励对方将精力投入到学习、参加各种活动、做更加有意义的事情中去。正常和对方继续交往，不用刻意对对方好，也不用刻意回避，将这份朦胧的情感化为友谊。

2. 明确回绝

我们在回绝的时候应注意两点：一是不要讽刺挖苦，二是态度明确、坚决、友好。可以向他说明拒绝的理由，表明自己对待青春期"爱情"的看法，这样可以避免反复纠缠。

3. 请求别人帮忙

如果采取一定拒绝的行为后，对方仍不为所动，甚至威胁你，女孩也不要被他吓住，这时可以寻求老师或者家长的帮助，尽快解决这一问题。

智慧
锦囊

如果收到自己喜欢的人的情书，也不要一时迷了心窍。遇到这种情况，女孩应该在感谢对方好意的同时，也要控制自己不受诱惑。你大可以与对方继续正常交往，待时机成熟再谈恋爱也为时不晚。

第 *09* 章

长相身材不如意，其他方面来弥补

小眼睛女孩的发型选择技巧

发型展示着很多信息，选择一款适合自己的发型至关重要。发型其实能从侧面反映出一个人的形象，不仅能彰显出自己的个性，同时也向身边的人展示自己的态度，或尊重，或喜爱，或桀骜不驯。所以说，发型是一个人魅力的体现。

小眼睛的玲玲是一个很简朴的人，平时也不舍得买新衣服，就连头发也是自己随便剪一剪。可是有一次剪得非常糟糕，简直是无法观看。尽管后来玲玲去理发店修剪了一番，可是也没有好多少，无奈之下玲玲只好开始了每天戴帽子的生活。有太阳的时候还好，可碰上大阴天，戴个太阳帽出门是很滑稽的。但玲玲认为这样还是比露出自己失败的发型要好些，所以就这么勉为其难地撑着。

一个月后，新的头发长出来，总算让自己的发型没有那

么糟糕了。所以玲玲就摘下了帽子，让自己的发型暴露在他人的面前。虽然还是有点难看，但玲玲也没那么在乎，她想反正过一段时间就能长出来，何必那么纠结呢。身边的朋友也都习惯了，所以玲玲也没把自己糟糕的发型当回事。

但客观存在的东西，并不会随着自己的忘记而消失。一次在公司组织旅游的活动中，玲玲去了很多风景优美的好地方，照了很多漂亮的景色。玲玲很是开心。可回家欣赏照片的时候却傻了眼。里面凡是有玲玲的照片都没办法看，因为她的形象在照片中看起来实在是惨不忍睹，一头糟糕的发型毁掉了旅游归来的好心情。

追求发型美已经成为人们生活的一部分，发型选择得体，可使人平添妩媚，反之，会给人以矫揉造作的感觉。那么小眼睛的女生，应该选择什么样的发型，让自己的头发显得自然潇洒，轻松活泼，又不落俗套呢？这里面大有学问。

选择适合自己的发型，无疑是锦上添花，让自己的形象更加完美，也让身边的人也更加喜爱你。那么，如果是小眼睛的女生，选择发型有哪些建议呢？

1. 运用斜刘海，分散注意力

平刘海适合眼睛比较大的人，这是因为这款发型将人们的注意力吸引到中庭的位置，让眼睛更加引人注目，此款发型不适合眼睛小的女孩。

与平刘海相比，斜刘海的适用范围更加广泛。它的特点是通过露出前额的一小块位置，加强了五官气质的上升感，眼睛小的女生可选择此款发型。对于眉毛下垂的人，这款发型也是个不错的选择。

2. 简单的马尾

简单的马尾既凸显青春活力，又通过厚厚的弧度将眼睛衬托得更加明亮美丽。这款发型的特点是以刘海作衬托，让人们的关注点不再集中于你的眼睛上。再配合自己的脸型，稍作修饰一下。适当地留一点刘海，就能让别人忽视你眼睛的大小了。

3. 根据场合选择最适合自己的发型

发型的变化能够改变人们的外在形象，选择一款适合自己的发型，能让你更加光彩照人。但也应该注意，在不同的场合要选择不同的发型。如参加社交场合的时候，发型就是表达你内心气质的语言，如短发显得干练、长发显得飘逸、卷发显得妩媚。

社交场合，发型也要适当改变，而变化主要依据场合和着装做调整，让你的发型适合场合的气氛。

智慧
锦囊

　　发型是一个人形象很关键的一部分，选择了不适合自己的发型，往往会使脸型的缺陷暴露，任何服装都不能为你增色。而适合的发型则会让你的形象更鲜活生动，更具魅力。找出适合的发型并不困难，关键是要有认真的态度，才能使发型更得体，形象更赏心悦目。

节食减肥会让女孩疾病缠身

爱美是每个人的天性，女孩到了青春期后，大多开始关注自己的外貌，追求更完美的自己。女孩开始对减轻自己的体重有狂热的追求，但也应该注意方法，若方法不得当，只会适得其反，还可能让自己疾病缠身。

众多减肥方法中，节食减肥就是一个不可取的做法。有一部分人认为，胖是由于自己吃得太多，那么只要自己少吃一些，体重就会减轻，身体中堆积的脂肪应该也会被消耗。所以有的人就提倡节食减肥，为了达到瘦身的目的，一直减少食物的摄入量。最后，由于营养的摄入量不足导致自己的身体健康受到严重威胁，甚至危及性命。

小丽是一名初二即将升初三的女孩，这个年纪的女孩这一段时间最担心的就是学习成绩了，因为她们有很大的升学压力。可是，小丽却被更大的烦恼缠住了。暑假的时候，班上好友叫她一起去游泳，她找来很多借口拒绝掉了，因为她认为肥胖的自己站在游泳池边会无地自容。闺中好友找她一起逛街买衣服。当进了商场以后，看到自己喜欢的衣服，她也只是羡慕地多看几眼，当售货员鼓励她试穿的时候，她对自己一点信心都没有，原因只有一个——肥胖的自己穿什么都不好看。

　　后来，小丽下定决心减肥。她给自己制订了以下一些计划：不吃主食，只吃水果；每天晚上进行长时间的跑步运

动。同时，她还背着妈妈偷偷拿自己攒下的零用钱买来了减肥药。

一个月以后，小丽惊喜地发现自己的付出有了结果，她减掉了将近20斤。可是见到她的人都说她面黄肌瘦了，而且她自己在很多时候都有种晕晕的感觉。幸好及时被妈妈发现了，当了解到她的减肥计划和行动后，妈妈制止了她，并介绍了一些健康的减肥方法给她。而现在的小丽，虽然并没有瘦下来很多，但是看起来很健康、很快乐。

节食减肥是健康的杀手，在女孩成长的过程中，应保证足够的营养摄入量，不能影响自己的生长发育。如果过度节食，无法供应所需的营养元素，不仅会影响到人体内部各组织、器官的发育，还会影响到各器官的功能。不仅如此，还会导致各种营养缺乏症，如肌体免疫力下降、体力下降、智力发育障碍等。过分节食还能导致新陈代谢失调。节食减肥就是一个恶性循环。有的人就因过分节食而患厌食症，进食越来越少，甚至对食物产生厌恶感。对于此种状况，应使自己尽快摆脱节食的负面影响，采取综合措施，制订合理的饮食计划，改变自己的饮食习惯。

减肥需要控制每餐进食量，但这并不意味着女性要杜绝进食。过度节食减肥会严重危害身体健康，女性必须走出节食减肥的误区，明确应当远离的食物，在保证自身饮食营养均衡的前提下有效保持身材。

节食减肥的害处，你了解多少呢？

1. 降低基础代谢

通过过度节食来减肥，会使身体内的热量无法供应正常的生理功能。身体为了保持足够的能量代谢需要，体内的基础代谢将会降低，脂肪并不会减少，在这个过程中，反而消耗了瘦肌肉来维持供给。随着瘦肌肉的消耗，肌肉强度下降，而体内脂肪的含量越来越高，形成一种不良循环。

2. 记忆衰退

脂肪是大脑工作的主要动力来源，营养摄入少，体内脂肪的摄入量和存储量都不足，造成营养不足，脑细胞会受到影响，进而影响记忆力，导致记忆力衰退。有研究表明，节食减肥的女性经常会出现记忆力衰退的现象。

3. 导致各种维生素的缺乏

人体除了需要足够的热量供应，还需要足够的维生素摄入，而节食将导致多种维生素缺乏病。如维生素B_2缺乏可导致脚气；维生素C缺乏可导致坏血病；维生素D缺乏可引起骨代谢异常，身材长不高或骨骼变形；维生素A缺乏可引发夜盲症等。

智慧锦囊

爱美是人的天性，女性似乎尤其对这个天性保持一种持久的信仰。想要减肥成功，就要燃烧多余脂肪，多参加体育运动，让自己更加活力四射、光彩照人。若减肥是以失去健康为代价，那么减肥也就没什么意义了。对于想要减肥的朋友来说，不妨选择更加科学的减肥方式，放弃节食减肥才是明智的选择。

"黑玛丽"穿衣打扮有技巧

每一年流行的服饰都像一个美丽的篇章，融入了这一季、这一年的流行时尚元素。但作为女孩，一定要知道的是，流行的并不一定适合你，你喜欢的颜色、款式也有可能不适合你。穿什么款式、什么颜色的衣服要考虑到自己的肤色、身材、年龄等相关条件，适合自己的，才是最好的。

玲玲是一个活泼开朗的女孩，她总是觉得自己皮肤偏黑，没有别人那么白皙，也就不怎么关注自己的打扮了。平时总是穿着很随意，把自己装扮成假小子的样子，留着短发，衣服也总是偏中性的。对于玲玲的打扮，她的妈妈也没有说过什么，因为妈妈自己也不爱打扮，她认为一个注重打扮的女孩，容易成为爱慕虚荣的人。她还经常对女儿说："衣服只要能穿上就可以了，根本没有必要去在意是否淑女。"

等玲玲上了初中后，和自己一起长大的同伴都如同出水芙蓉一般亭亭玉立，简直就是标准的淑女。而玲玲却仍像小时候一样，穿着宽松的运动服，头发短短的，走起路来手还插在裤兜里。

有一次，玲玲和几个男生打闹说笑。当玲玲举起拳头要打一个男孩时，那男孩气冲冲地说："你看你，穿得像一个男孩，说话也大大咧咧，一点都不像女生。"听了同学的话，玲玲不知所措，面红耳赤地离开了。

其实，随着青春期的到来，每个女孩都想要自己变得美美的，看着身边的人总是很会打扮，谁不羡慕呢？但是，有的女孩可能还没有找到好的解决办法就放弃了，就像玲玲一样。其实，女孩可以选择适合自己的服饰，来掩盖自己的缺点，让自己充满魅力。

那么，像玲玲一样皮肤偏黑的女孩，选择服装时应该注意哪些方面呢？

1. 符合自己的性格

色彩对人们的视觉和心理产生着不可抗拒的作用，因此，用色彩来弥补个人性格的缺陷，也是十分必要的。高明度的配色能创造明朗、轻松的气氛；低明度的配色有庄重、平稳、肃穆的意味。穿上浅粉、淡绿、嫩黄色的时装就显得年轻活泼；灰、黑色的着装就显得老成稳重。所以，忧郁的人不妨在着装上高调配色，选择明快的颜色；急躁的人不妨穿得淡雅一些。

2. 颜色的选择

肤色较暗的女孩，衣着配色尽量避免与肤色同色系调和，暗色调也不适合，宜采用高明度或高彩度的色彩，也可以用鲜艳的色调来强调与肤色的对比。还可利用粉底来改变肤色，提高明度，这样对肤色进行适度调节之后，穿着配色的弹性也就增加了不少。

3. 衣服的质地

质地即衣服的用料，不同的布料在反光、伸缩性、触感和耐用性方面都存在着很大差异。如果一套衣服的上下身在质地上相差悬殊，不仅影响服饰的美观，也会影响我们的舒适度。

智慧锦囊

选择服饰应考虑到个人因素，因为服装除了要考虑到实用，还要兼顾艺术性，服装已成为人们进行社会交往和展示个性特征的重要手段。合适的服装搭配，讲究内外协调的整体美，这样才更具美感，才能充分展现自己的独特魅力。

清水出芙蓉，追求自然美

花季少女，尤其中学阶段的女生，怎样才是真正的美呢？其实，最美丽的姿态还是保持自然美，也就是追求清水出芙蓉的美。青春的女孩都是美丽的，在那个青春、年少的年纪，女孩要充分展示出少女独有的青春自然美，那就是健康、活泼、有朝气、柔而不弱、美而不俗。

真正的魅力不是刻意修饰出来的，只有自然美才最打动人心。

雨珍是个漂亮的女孩子，上初中后，她开始喜欢照镜子，有时拿妈妈的化妆品在脸上涂涂抹抹。妈妈对她的做法很不满意，就说："也不见你在学习上多下功夫，就知道臭美。"妈妈唠唠叨叨的说教不但没有效果，反而引起雨珍的反感。雨珍心想：爱美是人之常情，有什么不好的，化妆与学习有什么关系呢？干吗扯到一起？雨珍觉得妈妈不理解自己，渐渐地和妈妈疏远了，有了心事也不愿意和妈妈说。

雨珍的变化被妈妈察觉到了，妈妈在咨询相关专家后，改变了自己的教育方式。一天，雨珍又在对着镜子开始化妆，妈妈面带笑容地走过去，说："其实妈妈小时候和你一样爱照镜子，喜欢用化妆品，曾经还因为不如别人长得漂亮而哭过鼻子呢，也许很多人都曾经有过这样的经历吧。其实，到了青春期，你开始关注自己是否漂亮，想越来越美，这是一件好事。可是我觉得女孩应该追求自然的美，不要总是涂抹胭脂水粉，看你，现在就挺好的，乌黑的头发，白皙的脸蛋，明亮的双眸，正是让人羡慕的美丽啊！少女时期是人生中最美的，但又是最短暂的。妈妈建议你把青春自然美展现在大家面前，妈妈给你买了一盒润肤霜，至于其他的，就不要用了，它们不适合你。"雨珍疑惑地洗了脸，对着镜子看了看自己，觉得妈妈说的有道理，也就接受了妈妈的建议。母女的关系和好如初。

在那个周末，雨珍在妈妈的陪伴下一起到商场购物。在选择过程中，妈妈建议雨珍选择一些适合她自己的衣服，这样才是最美的。像她这个年纪，自然得体的运动休闲装是不错的选择，既符合学生的身份，又能显示出青春活力。妈妈还建议雨珍不要盲目跟风，选择一些奇装异服。

雨珍愉快地接受了妈妈的建议，买回了一套既时尚又合身的衣服。回到家，雨珍穿上新买的衣服，对着镜子照了照，高兴得直夸妈妈有眼光。

爱美之心，人皆有之。所有的女孩都如雨珍一样，渴望自己更加美丽。但是，每个人对于美都有自己独特的解读方式。有些女孩喜欢化妆，的确，化妆可以让人气色更好，但是同时也意味着失去了真实、自然，失去了青春本该有的色彩，因而也就失去了美。还有些人，喜欢追求时尚，追求名牌，让自己更加突出，看上去似乎很突出，其实，这只会失去青春少女该有的模样。

"清水出芙蓉，天然去雕饰"的自然才是最美的。自然是美的精髓，自然美在不同的年龄阶段有不同的面貌。婴儿时期，童真的笑容；少年时期，灿烂的笑容；青年时期，释放激情，都是最美的状态。而处在青春期的女孩，无须任何修饰其实就是最美的。

想要拥有自然美，以下几点是关键：

1. 积极的心态

自然美是健康美，健康是整体美的基本条件。精神好、神采奕奕，才是真正的美。不管男性还是女性，一个人如果面容憔悴、精神萎靡，绝不会给人以美感。封建社会的审美观，女性以娇弱妩媚为美，但它有悖于现代审美观。

2. 充满自信

自信的女孩更有魅力，自信可使女孩更加美丽，内心更

加愉悦，外表也变得光彩照人；自信可使女孩神采飞扬，气
度不凡；自信可使不漂亮的女孩变得美丽，充满魅力。

女孩如果拥有了美貌这个先天条件，假如她想使自己变
得更美丽，这就需要多一点自信。美丽而又自信的女孩，既
拥有迷人的气质，又拥有夺目的魅力，她们让自己的美丽越
加闪亮。

3. 增强体育锻炼

多参加体育运动，既增加皮肤抗寒防感染能力，又能加
速血液循环，为面部皮肤增添营养，心情也能保持愉悦，情
绪波动不大，对美容也是十分有益的。

智慧锦囊

清水出芙蓉，天然去雕饰。女孩之美不在雕
琢，女孩想要让自己更加美丽，散发持久的个人魅

力，追求"自然美"才是正途。"自然美"，是美的基础，"美得自然"是美的技巧，明白了这些，就真的离美不远了。

第 *10* 章

让勇敢成为动力，做梦想的坚持者

学会合理地拒绝他人

女孩要想获得别人的喜爱，就应该多多关心身边的人，在别人需要帮助的时候，及时伸出援手，因为乐于助人是传统美德。但帮助别人也不能毫无原则，对于那些不合时宜或不合情理的请求，完全可以拒绝别人，不要难为自己。比如有的人明明自己很有钱，却哭穷向你借钱，原因是怕自己提前取款会损失利息。这样的请求明显是自私的行为。还有的人请求我们完成那些我们根本无法达成的事情，这时我们就应该学会拒绝别人。

答应别人是一件很爽快的事，拒绝别人则正好相反。尤其是请求你的人是和你关系亲密的人，拒绝别人后往往会产生不安的感觉，害怕伤害到对方，怕别人觉得自己不够义气或自私，影响两人之间的关系。但有时候，拒绝别人也是十分有必要的，否则可能无法帮助对方，还会给别人带来麻烦，女孩就应学会在该拒绝的时候拒绝别人。

学会拒绝是一种自卫、自尊。学会拒绝是一种人生智慧；学会拒绝是一种意志和信心的体现；学会拒绝是一种豁达，一种睿智，是一种人生哲学。学会拒绝他人的无理请求，才能活得自由自在、明明白白，活出精彩。

启功先生是我国著名的书法家，所以他在世期间，有许多人慕名上门拜访。人们这种热情和好学的态度给启功先生带来了许多不便，使他原本平静的生活也被扰乱了，启功先生也不得不自嘲道："我真成了动物园中供人参观的大熊猫了。"

有一天启功先生生病了，就在自家的门上贴了一张白纸，写道："熊猫病了，谢绝参观。如有敲门窗者，罚款一元。"

前来启功先生家的人在看到启功先生的这张字条后，纷纷离开了，而且还深深体会到了启功先生的良苦用心。如果启功先生换一种方式，用很生硬的写法"身体抱恙，谢绝访客"来告诉大家，那么可能就没有这么好的效果了。远道而来的客人如果得到如此生硬的拒绝，大家可能都会觉得不舒服。

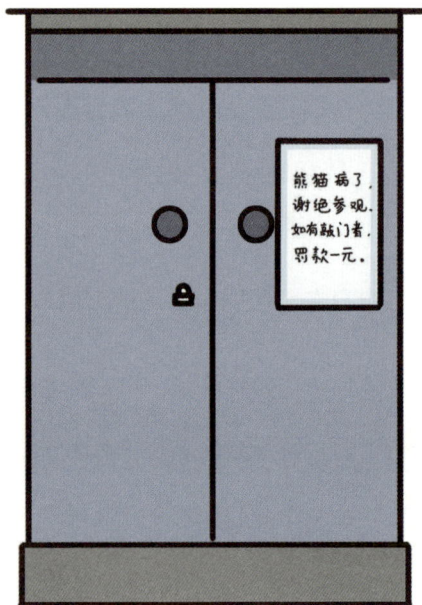

拒绝他人确是一件伤感情、导致尴尬局面的事情。但如果女孩能学会一些拒绝他人的小技巧，也就能避免这种尴尬境况的发生，从而将尴尬的状况转换成轻松、愉悦的氛围，既达到自己拒绝别人的目的又不伤感情。

下面几个拒绝时的技巧会对你有帮助：

1. 据实言明

有些人在拒绝对方时，因为感到不好意思，而不敢说实话，这也就让对方摸不着头脑，不了解你的真正意图，而产生许多误会。其实，在人际交往中，拒绝别人，是常有的情况，因此而关系破裂的并不多；倒是有些人说话语意暧昧、模棱两可，反而容易引起对方误会，甚至导致双方越来越疏远。

在你拒绝别人的时候，一定要想一下对方是什么想法，尽量明快而直率地说明实情，这才是有效的拒绝方法。

2. 拒绝别人时语气要温和

当你听取了别人的请求并认为自己应该拒绝的时候，说"不"的态度必须是温和而坚定的。委婉表达拒绝，也比直接说"不"让人容易接受。

例如，当对方的要求是不合公司或部门规定时，你就要委婉地表达自己无法完成，并暗示他如果自己帮了这个忙，就越级了，违反了公司的有关规定，很可能被开除。在自己无法提供帮助的情况下，要让他清楚自己工作的先后顺序，并暗示他如果帮他这个忙，会耽误自己的工作进度，可能会影响公司项目的进度，后果不堪设想。

一般来说，同事听你这么说，一定会知难而退，再想其他办法。

3. 留给对方一个退路

有些人喜欢自以为是，固执己见，总认为自己的意见是正确的，根本不听从别人的意见。当你遇到这种人，想要拒绝时，一定要掌握一些小技巧。

你必须自始至终、耐心地聆听他的想法。一个人在说话的时候，心里一定也留有一个空间来容纳对方所讲的话。当你了解他的意图后，心里应该就有了打算，知道如何劝解对方、拒绝对方，才能不伤害对方。

智慧锦囊

　　拒绝也是一门说话的艺术，学好这个技巧，就会达到目的又不伤感情。拒绝别人是你的权利，也是负责任的表现。女孩要学会拒绝别人，不要没有原则，学会拒绝是每一个青春期女孩应该学会的人际交往技巧，学会拒绝别人的无理请求，才是正确的选择。

你付出努力，命运才会给你回报

要想得到一些东西，你就必须得付出，付出和回报是息息相关的。俗话说，一分耕耘，一分收获。虽然你没有刻意追求回报，但它总是会在未来等着你的到来。

不要认为自己是女孩，就可以不努力、不拼搏，就算是女孩，也应该学会通过自己的努力获得自己想要的一切。如果你不是天生含着金汤匙出生的有钱人家的公主，那么你除了拼搏和奋起直追，没有其他的选择。你要坚信，只要你愿意付出，总有回报会在未来等着你。

毕业后，明明经过激烈竞争如愿进入了一家外企的人力资源部门，成了一个职场新人，与她同期的还有三个新员工。

领导决定要扩大公司规模，还在大量招聘新员工，所以人力资源部门的工作非常繁忙，主管只是告诉他们："希望公司可以给你们提供一个良好的环境和发展平台，也希望你们能够尽快地熟悉公司的业务。"

同事们也都埋头于自己的工作，而没有人给明明和其他三个新来的员工布置工作。无奈之下，几个新人只能在公司里面做一些琐碎的事情，比如为客户端茶倒水等。有的干脆拿起公司简介，利用上班时间一遍遍地熟悉公司情况。

明明却有自己的规划，她到公司的第二天，就尝试着到一些老员工那里去请教工作上的事务，看着满桌子都堆满了应聘者的资料，她在征求老员工的同意后，开始做起了整理资料的工作，她把应聘资料按照应聘部门、职位等相关主题分门别类地分成了若干份，还将一些不符合应聘要求的简历挑出来，放到另一个地方。

有个新人走过来劝明明："我们还是先熟悉一下公司的情况吧，现在我们也没有被分配工作，你的努力别人也看不到，不是白费时间吗？"

明明笑笑说："我就是闲不住，尽力而为吧。"

就这样，明明每天都在帮别人做些力所能及的工作，而其他的新人还是拿着那本公司简介一遍遍地看着。

几天后，明明成了办公室里的"主力"。除了整理资料，主管还教会了明明一些工作的内容和技巧，明明也开始处理相关事务了。

如此一来，明明很快进入了工作状态，而且工作效率非常高，热情很高，甚至不亚于一些老员工。她的这些努力，公司前辈们都看在眼里。

在结束了应聘资料筛选工作后，明明被提拔与一些老员

工一起做起了面试的主考官。而其他同明明一起进入公司的

新人也有了各自的工作，她们还是和之前一样，做一些可有

可无的基础性工作。

一个能够在众人中脱颖而出的人，一定具备某种高尚的品

质和超人的本领。

人要懂得付出，也要懂得回报。舍得付出，至少可以得

到自己应得到的，懂得回报，至少能够尽心地去付出。即使

只是一味地付出，短期内还没有什么回报，但要相信未来也

许会有意外收获。

具体来说，女孩可以这样做：

1. 乐于付出努力

想要得到回报、实现梦想就需要锲而不舍地付出努力。

实现梦想往往是一个艰苦的、循序渐进的过程，而不是一蹴

而就的。那些成就卓越的人，几乎都在追求梦想的过程中表

现出一种顽强的毅力以及创新的思维，没有自己的付出，何

谈收获？

2. 坚持不懈地努力

没有梦想的人连成功的机会都没有，而不懂得努力和坚持的人更无法到达梦想的彼岸。梦想是深藏在人们内心深处的渴望，是激励人们向上的动力，梦想能够激发人的潜力，让生命因此而闪光。梦想不是理性的计算，梦想是一种情绪状态，这种情绪状态是以热情的方式展现的。这种力量让人们创造了一个又一个奇迹。

3. 乐于帮助别人

在帮助别人的过程中，你也能获得幸福感。不求回报地和他人分享你的一切。你最宝贵的财富就是那些可以和他人一起分享的东西。你给予越多，未来的回报就越大。

智慧
锦囊

付出是幸福一生的基石，学着去付出吧。当

女孩学会了付出，就会在未来看到生活给我们的惊喜，付出并快乐着。生命因为付出而精彩，生命因为付出而充实！

梦想，让你的人生充满希望

纪伯伦曾经这样说："愿望是半个生命，淡漠是半个死亡。美好的梦想使心灵充实，使生活多姿多彩……"

作为女孩，可能你还没有邂逅奇妙的爱情，但必须怀抱美好的梦想；可能你还不适合工作，但必须有自己的人生规划；可能你还没调整好自己的状态，但必须坚守自己心中的梦想。因为梦想是最奇妙的东西，它比彩虹更美丽，比大海更深沉，比天空更广阔。有了梦想，你就拥有了前进的动力，对未来充满希望，你就会勇敢追梦，就会激发自己的潜能，让自己的人生过得更有意义。梦想是人生旅行的航向标，当浮华褪去，只有梦想能引领方向。

香奈儿创始人加布里埃·香奈儿，就是在追寻高贵与美丽的旅途中，怀揣着梦想创造了一个时尚帝国。

香奈儿的童年很悲惨，长大后姣好的容貌算是命运对她的眷顾。为了维持生计，她尝试过许多种工作，还有过一小段歌唱生涯。这使她在赢得掌声的同时也得到了纨绔子弟与艺术界名流的垂青，从而跻身上流社会。

如果不是清楚自己的方向，如果不是心中早已有了自己的梦想追求，她也许早已经开始一段不同的平凡一生。但她是加布里埃·香奈儿。她有着对时尚的敏锐的洞察力，对女人的心理有着透彻的了解，她想要开创一个属于女性的时尚时代。

她对于时尚的梦想就是挑战传统、解放女人，重塑上流社会的新时尚。她将这样的梦想贯穿于每个作品的设计理念之中。

她将堆砌繁复羽毛、蕾丝的女帽改造成简洁的女帽，成为当时的时尚潮流，终结巨大女帽的年代；她打破当年黑衣服只能当丧服的规定，设计出一直风靡到现代的黑色小洋装，这来源于她对黑色有一种宗教式的虔诚，她认为黑色其实蕴含着更为永恒的诱惑；她根据水手的喇叭裤，设计出女子宽松裤，后来又设计出休闲味道很浓的、肥大的海滨宽松裤……

她曾说"要令妇女从头到脚摆脱矫饰"，她实现了这个梦想。

时至今日，欧美上流女性中依然流传着那句名言："当你找不到合适的服装时，就穿香奈儿套装。"

一个多世纪以来，人们仍把香奈儿奉为神明，她的理念贯穿在每一件时装中，似乎在炫耀着女人的高贵和她对时尚品位的追求。

　　梦想是一种挥之不去的潜意识，是深藏在人们心灵深处的对未来的渴望。它像一粒种子，播撒在心灵的沃土上，虽然可能还未破土而出，但相信在自己的努力下必定能够生根发芽，硕果累累。简单平淡的生活中，也有闪亮的梦想。坚持自己的梦想，必定能够让生活发出精彩的光芒。

　　任何女孩都有坚持自己梦想的权利，也有为自己梦想去努力的自由。不要到了白发苍苍，才悔恨自己当初放弃自己的梦想。女孩应该有自己的梦想，不要把它们藏进角落，不接受阳光，有梦想就应该去追求，让自己不再碌碌无为。

　　只有拥有梦想的女孩，才会不畏险阻，勇往直前，因为有一个不屈的信念在支撑她们。因为梦想的存在，心中也就充满了希望。人的一生可以因为一个梦想而改变，因为有梦想的支撑才能走到成功的彼岸。拥有梦想，成就自我。

智慧锦囊

　　拥有自己的梦想就像给原本平静的生活注入激情的元素，让女孩对生活拥有热情、方向感和安定感。梦想并不一定要多么伟大，一个小小的梦想就能改变女孩的全部生活。在追梦的过程中，也许要经过无数次的尝试，但只要女孩能够坚持不懈，不断付出，成功终将到来。每个人都需要变梦想为现实的力量，不要让梦想只是一个幻想！

女孩要勇于尝试，活出自己的精彩

现在，有不少孩子非常胆小，尤其是女孩。她们连尝试的勇气都没有，就被自己的恐惧打败了，其实，这只是自己把困难放大了，很多事情并没有想象中的难。任何一个有成就的人，都有勇于尝试的经历。尝试也就是探索，没有探索就没有创新，没有创新就不会有成就。所以说，成功人生始自于尝试。

一个叫伊伊的女孩在北京开了一家继酒吧、陶吧、书吧、氧吧等之后的又一种时尚的吧——"床吧"。在她的店里，摒弃了那些传统的桌椅，全都换成了大小不一各式各样的床。这种大胆新鲜的经营方式让她三年就收获颇丰。

2005年春天，准备参加公务员考试的伊伊在查资料的过程中，偶然看到一则关于"床吧"的趣闻：路易十四爱上了一个平民女子，便乔装来到女子家。女子家太穷，连一张招待客人吃饭的桌子都没有。女子急中生智，把饭菜摆上床，于是二人在床上享用了甜蜜浪漫的一餐。事后路易十四便命人制作了一张既可休息又可用餐的床。后来民间纷纷效仿，演变到后来就出现了用于餐饮、休闲场所的"床吧"。"床吧"如今已遍及欧洲各大城市。

当时伊伊只当作一个故事，也没怎么在意。公务员考试失利后，她到古城西安散心。在当地的"农家乐"里，她被炕吸引住了。它既可以休息，在上面放上一张短腿小炕桌，又可以吃饭会客。这让她联想到了之前在网上看到的"床吧"。她想：床象征着温馨、随意、舒适，如果在生活节奏快的北京开一家"床吧"，应该很受欢迎。

于是她向自己的好友诉说了自己的想法，大家都觉得这是一个十分新颖有趣的经营项目。有了朋友的支持，伊伊更有信心了。在经过一段时间的调研、走访后，伊伊将店址选在了一幢租金比较低廉的商业大厦的三楼。

伊伊聘请了老同学来全权负责"床吧"的设计工作。

"床吧"里用格子木架隔成大小不一的包间，靠过道的一侧是一扇活动门，每间都配有拖鞋、矮桌、小凳、床毯、抱枕等配套设施。这种设计能让顾客感受到床吧的独特魅力，或坐或卧，或吃或玩，随意自然。

考虑到在床上吃饭的特点和目标顾客是年轻人，伊伊聘请了两位西餐厨师，主营西餐。2006年2月，独树一帜的"床吧"对外营业了。伊伊要求服务员将卫生放在第一位，要保持床单的清洁。

但是由于没有采用很好的宣传手段，"床吧"生意并没有预期的好。在电视和报纸上做广告宣传，费用太高了。就在她苦恼不已的时候，店里来了一对年轻情侣。结账时，他们让服务员把伊伊叫了过去。原来，他们是报社的记者。

两天之后，某报纸在消费专版以《西餐上了床，规矩下了床》为题对伊伊的"床吧"进行了详细的报道。随后当地几家报纸纷纷转载。原本冷冷清清的"床吧"一下子顾客盈门，每天的营业额都在3000元以上。"床吧"终于在开业两个月后开始有盈利。

　　2007年5月的一天中午，一对情侣用餐后想整个下午继续待在这里喝咖啡。他们愿意多付一些钱。面对顾客的新要求，服务员拿不定主意，请示了伊伊。当时并不是用餐高峰期，伊伊便答应了顾客的要求。顾客的这一举动也启发了伊伊。原先她只将"床吧"定性为餐厅，注重从餐饮方面获利，却忽略了床的最大魅力在于休闲。于是她立即将"床吧"调整为休闲场所，同时提供餐饮服务，收费改以小时计算，食物和酒水另计。这一改动又令"床吧"的营业额大幅提升。

　　几个月后，"床吧"在营业高峰时段常常爆满，许多顾客需要在门外等候空位。2008年2月中旬，伊伊盘下了隔壁一家生意冷清的书店，扩大经营空间，还增添了顾客等候区和"碰碰对"专属区域。"碰碰对"专区里挂满了线帘，线帘下端是一个个的小便签，年轻人可以随便在上面写上自己的姓名、心愿、联系方式等，给年轻人提供交友的机会。"床吧"从此更受欢迎了。

　　只有克服了恐惧，勇敢地踏出那关键的一步，才能取得成功。可是现实生活中，人们总是于无形中高估了困难，时常害怕，不愿承担后果，越是如此想，就离成功越远。恐惧往往来自于自身，成功也许就需要你勇敢地跨出那一步，鼓足勇气，勇往直前，直达成功。

　　树立坚定的信心，勇敢迎接挑战。"天才不过是百分之一的灵感，再加上百分之九十九的汗水。"大胆尝试和创新需要学会付出，不怕失败，特别是自己从来没有做过的事情，就要做好可能失败的准备。

智慧
锦囊

　　成功者在机遇降临时，总能大胆尝试。生活中，有时我们必须大胆去尝试，唯有尝试，才有成功的机会。胆小的人注定与成功无缘。所以，培养自己冒险的精神，是成功的前提，胆小的人是人格不健全的人，胆小的人无法战胜重重的考验，最后只能沦为碌碌无为的人，只能是没有创造精神的墨守成规之人。

参考文献

［1］云晓.培养完美女孩的100个细节［M］.北京：朝华出版社，2008.

［2］崔钟雷.培养女孩完美性格的故事全集［M］.长春：吉林美术出版社，2009.

［3］周增文.别让性格误了孩子未来［M］.北京：中国华侨出版社，2008.

［4］韩宏，刘慧滢.培养最优秀的女孩［M］.北京：中国妇女出版社，2010.

［5］满湘.培养美丽自信的女孩［M］.北京：新世界出版社，2009.